L'ÉCONOMIE HUMAINE

Dans la même collection :

1 - Dominique Temple, *Commun et Réciprocité*
2 - Mireille Chabal, *Réciprocité et Tiers inclus*
3 - Dominique Temple, *Les deux Paroles*
4 - Dominique Temple, *Monnaie de renommée et Réciprocité*
5 - B. Melià & D. Temple, *La réciprocité négative. Les Tupinamba*
6 - Dominique Temple, *Lévistraussique. La réciprocité et l'origine du sens*
7 - Dominique Temple, *La réciprocité de vengeance*
8 - Dominique Temple, *Marx aujourd'hui*
9 - Dominique Temple, *Le contradictoire. Principe structural des Nuer*
10 - Dominique Temple, *"Un nouveau postulat pour la philosophie"*
11 - Dominique Temple, *Frédéric Lordon, Marx et Spinoza*
12 - Dominique Temple, *Le Quiproquo Historique*
13 - Dominique Temple, *L'économie politique I - L'économie humaine*
14 - Dominique Temple, *L'économie politique II - Apologie du marché*
15 - Dominique Temple, *L'économie politique III - La transition post-capitaliste*

Dominique Temple

L'ÉCONOMIE POLITIQUE

I

L'ÉCONOMIE HUMAINE

Collection *réciprocité*

N° 13

CC BY NC ND, 2018, Collection *réciprocité*

ISBN 979-10-97505-12-7

SOMMAIRE

I - L'ÉCONOMIE HUMAINE p. 9
La réciprocité, siège de l'être social p. 10
Les limites de l'imaginaire p. 12
La valeur de la réciprocité p. 13
Définition du Quiproquo Historique p. 16
Les deux économies d'échange et de réciprocité p. 19
Les matrices des valeurs humaines p. 21

II - VALEUR ET RÉCIPROCITÉ p. 25
Comment concilier le sentiment éthique et la raison ? p. 47

III - POURQUOI AVONS-NOUS BESOIN D'UNE AUTRE LOGIQUE ? p. 51
De l'utilisation des valeurs éthiques p. 52
Le triomphe de la raison utilitariste p. 53
Une autre logique dans les sciences humaines ? p. 55
Quoi de nouveau ? p. 59

IV - L'ENTREPRISE DE RÉCIPROCITÉ p. 63
L'économie de réciprocité dans les sociétés traditionnelles p. 64
Les limites de l'économie de réciprocité traditionnelle p. 66
La libération de l'entreprise p. 68
Les avantages de l'entreprise privée p. 70
Les limites de l'entreprise capitaliste et du libre-échange p. 72
L'entreprise de réciprocité p. 74

BIBLIOGRAPHIE p. 79

Une première version de ce texte a été publiée dans *La revue du M.A.U.S.S.*, n° 10, 2ᵉ semestre, "Guerre et paix entre les sciences. Disciplinarité et transdisciplinarité", La Découverte, Paris, 1997.

I

L'ÉCONOMIE HUMAINE

L'économie est appréhendée par l'économie politique occidentale comme un système obéissant à des enjeux rationnels. Les choses sont échangées comme si l'échange était ordonné par une main invisible qui établirait entre elles un rapport conforme à la logique qui les institue les unes vis-à-vis des autres d'un point de vue matériel. Du moins le *marché* doit-il tendre vers cet idéal.

Mais la relation des choses entre elles peut aussi être inféodée à d'autres enjeux que celui du pouvoir des uns sur les autres ou de l'intérêt privé et obéir à une autre logique que la logique des choses, pour peu que la raison se donne l'ambition de rendre compte d'une autre réalité que celle de la physique du monde. Lorsqu'elles sont inféodées aux relations de réciprocité qui engendrent l'être commun de la société, les choses participent à la construction du bien commun.

Nous appelons "économie humaine" une économie qui souscrit au primat des relations productrices des valeurs spécifiques de la société humaine.

La réciprocité, siège de l'être social

Nous savons, depuis les travaux de Mauss et de Malinowski, que toutes les sociétés humaines sans exception sont fondées sur la réciprocité, et depuis ceux de Lévi-Strauss, que les structures élémentaires de la parenté sont ordonnées au principe de réciprocité. Mais pour rendre compte de ces découvertes, les anthropologues ont fait appel aux catégories de l'économie politique de leur temps : l'échange et l'intérêt. Ils ont tenté de situer la réciprocité comme une forme archaïque de l'échange, et l'échange économique comme la forme la plus évoluée d'une évolution universelle. Une autre démarche est possible : distinguer le primitif du primordial et montrer que si les structures de réciprocité d'origine sont naturellement primitives, le principe de réciprocité n'en demeure pas moins partout à l'origine des valeurs humaines fondamentales.

La réciprocité reproduit en sens inverse la situation de l'un et celle de l'autre, elle oblige celui qui agit à subir, et celui qui subit à agir. Elle redouble pour chacun sa perception de celle de son vis-à-vis. Or, le *milieu* entre deux perceptions contraires est le foyer où s'éclairent les termes opposés, l'origine du sens. Ce milieu, en soi *contradictoire*, se manifeste comme la sensation que la conscience a d'elle-même. Il est sa *révélation*. L'être apparaît alors extérieur à chacun comme s'il venait d'ailleurs car il se représente en l'autre avant que de s'incarner en soi. Mais cet être parle et dit *Je*. *Je* ne signifie pas pour autant une appropriation de l'être social puisque l'être naît de la présence de l'autre et qu'il trouve un corps visible dans l'autre. Mais l'être dit *Je* au bénéfice de qui prend l'initiative.

Les prestations de réciprocité originelles, siège de cette *révélation*, Marcel Mauss les appelle "prestations totales"[1]. Par la suite, celles-ci se distinguent les unes des autres. Les unes deviennent relations de parenté, d'autres relations de don, d'autres relations de meurtre... Ainsi, ce n'est pas une complémentarité entre l'un et l'autre qui motive le souci que l'on prend de l'autre, mais ce qui n'est ni de soi ni de l'autre et qui se trouve *au-delà* de l'autre et de soi-même.

Le souci pour autrui est une ouverture à ce qui est irréductible à soi-même et irréductible à l'autre, il est ouverture à ce qui est sans détermination ni limite et à ce qui est absolu. Le corps de l'autre "présentifie" cet absolu qui devient une singularité – l'humanité de chacun. Le corps de l'autre mérite désormais ce que Paul Ricœur[2] appelle la *sollicitude*. Le souci pour autrui est sollicitude, prise en considération des conditions d'existence de l'humanité, choses pratiques, finies, limitées, qui ne requièrent pas d'efforts considérables ou héroïques et qui sont à la portée de tous. Ainsi, la première manifestation concrète de la réciprocité est-elle l'*hospitalité* ou le *don des vivres*...

---

1. Cf. Marcel Mauss, *Essai sur le don* [1923-1924], rééd. *Sociologie et Anthropologie*, P.U.F, Paris, (1950), 1991.
2. Cf. Paul Ricœur, *Soi-même comme un autre*, Seuil, Paris, 1990.

LES LIMITES DE L'IMAGINAIRE

Arrêtons-nous au don des vivres. Selon la théorie de la connaissance à laquelle nous faisons référence[3], le don se reflète sous forme inversée dans la conscience du donateur. L'inverse de *donner* est *recevoir*. L'être engendré au sein du réciproque est aussitôt serti de l'image *recevoir*. En donnant, on reçoit de l'être. On acquiert du soi en donnant du moi[4]. L'être social est désormais prisonnier d'un imaginaire que la communication entre les uns et les autres doit respecter, d'où l'emprise de signifiants qui ont leur logique propre. Le risque est que le "plus je donne, plus je suis" devienne "plus je donne, plus je suis grand" – c'est-à-dire que l'être social se mesure à la quantité du don.

La croissance du don favorise en effet davantage l'image du donateur que l'être social, et peut emprisonner l'être dès sa naissance dans le pouvoir et la compétition. La formule de l'économie primitive "si pour être, il faut donner ; pour donner, il faut produire" devient "si pour être le plus grand, il faut donner davantage, pour donner davantage, il faut

---

3. Selon Stéphane Lupasco, l'*actualisation* d'un phénomène est conjointe à la *potentialisation* de son contraire, et celle-ci est une conscience élémentaire : ici, l'actualisation est le geste de *donner*, la conscience élémentaire est donc *recevoir*.
4. Cf. Dominique Temple & Mireille Chabal, "Maussienne, le Tiers dans la réciprocité positive", dans *La réciprocité et la naissance des valeurs humaines*, L'Harmattan, Paris, 1995.

produire davantage". La *dialectique du don*[5] engendre ainsi une économie sans limite. Elle instaure une hiérarchie qui disqualifie ceux qui ne sont pas en mesure de donner. Qui ne trouve pas un statut de donateur peut être exclu de l'identité communautaire. Dans les sociétés primitives encore tributaires de l'imaginaire du don ou de la vengeance les exclus sont exclus de l'humanité. Ils seront traités comme des animaux : les esclaves.

LA VALEUR DE LA RÉCIPROCITÉ

Nombre d'expériences et de recherches actuelles (économie solidaire, plurielle, autonome, non monétaire, parallèle, souterraine, communautaire, alternative, etc.) rencontrent une même difficulté le plus souvent exprimée par l'opposition entre les relations créditées de créer du *lien social*, et dont l'incidence économique est indéniable, et les prestations à caractère nettement matériel accusées de détruire ce lien. Le terme lui-même de *lien social* est vague. Il joue pour les sociologues le rôle que joue le *mana* pour les ethnologues, le rôle d'un "signifiant flottant" (L'expression est de Lévi-Strauss) révélant une communion de sens entre ceux qui l'emploient tout en étant capable de supporter des imaginaires forts différents.

---

5. Cf. D. Temple, *La Dialectique du Don*, Diffusion Inti, Paris, 1983.

Il nous faut demander aux chercheurs qui s'intéressent au lien social de préciser ce qu'ils appellent *lien*. Mauss le définissait d'un mot magique, le *mana*. Lévi-Strauss lui répondit que le *mana* était un signifiant vide. Mauss avait-il prévenu la critique en renvoyant le *mana* à l'*être* du donateur, s'appuyant sur Radcliffe Brown qui le définissait comme "valeur morale"[6] ?

Lévi-Strauss refuse en fait que l'on bâtisse une théorie de l'échange à l'aide d'un "ciment affectif" qui viendrait sceller les opérations discrètes en lesquelles la société primitive décomposerait l'échange. Selon lui, les "indigènes" ne sauraient pas reconnaître l'échange comme la structure d'ensemble propre à la fonction symbolique. Ils invoqueraient le *mana* pour signifier le caractère contraignant des prestations que Mauss a décrites comme les *obligations* de donner, de recevoir et de rendre[7].

Oui mais…, si Lévi-Strauss a sans doute raison de contester l'élaboration d'une théorie de l'échange à partir d'un ciment affectif, ce n'est peut-être pas *l'échange* qui est en question lorsque interviennent les *obligations* dont Mauss ramène le caractère contraignant au *mana*. Et si Mauss lui-même recourt à l'échange pour comprendre les prestations d'origine comme des relations symboliques, ce n'est peut-être qu'à défaut d'une théorie plus adéquate ; et l'on peut comprendre sa proposition des *obligations* non comme une impuissance à imaginer l'échange, mais comme l'intuition qu'il faut au contraire abandonner cette tentation et construire un concept nouveau. Le *mana* n'est pas un ciment

---

6. Cf. Mauss, *op. cit.*, p. 173.
7. Cf. Lévi-Strauss, « Introduction à l'œuvre de Marcel Mauss », dans Mauss, *Sociologie et Anthropologie, op. cit.*

affectif pour bricoler un simulacre d'échange, il est le produit de la *relation* que révèlent les fameuses *obligations*. Celles-ci ne sont pas réductibles à l'échange, et c'est la réciprocité qui est la structure propre à la fonction symbolique.

L'*échange* est motivé par l'intérêt que l'on porte aux choses pour elles-mêmes. Il est inféodé à la possession sinon à l'accumulation. Autre est le *don réciproque* dans lequel l'acte demeure prioritaire sur la chose. La privatisation de la propriété est récusée, le pouvoir également. Le don réciproque ne s'enferme pas dans la satisfaction d'un intérêt privé, fût-il supérieur, et ne se borne pas à un imaginaire particulier, mais s'ouvre sur un sentiment, un état de grâce qui lorsqu'il a un visage se nomme l'amitié (la *philia*).

Mais l'échange est parfois dit "réciproque" parce qu'il satisfait l'intérêt de chaque partenaire. En quoi diffère-t-il donc de la réciprocité ? La réciprocité implique le souci pour l'autre, et cela afin d'établir du *mana* – c'est-à-dire des valeurs affectives telles que la paix, la confiance, l'amitié, la compréhension mutuelle, selon la structure sociale qui répond au principe de réciprocité. L'échange utilise cependant ces premières valeurs humaines pour faire l'économie de la violence. L'échange est une relation d'intérêts mais qui suppose une réciprocité minimale pour produire des valeurs indispensables. La Raison conseille en effet d'établir la compétition des intérêts sur la confiance, la paix et la compréhension mutuelle produites par la réciprocité.

On comprend dès lors que l'on puisse confondre l'*échange* avec une forme de *réciprocité*. Mais, en réalité, l'échange renverse le mouvement de la réciprocité car au lieu de viser le bien d'autrui, il cherche la satisfaction de l'intérêt propre. Il est spécifiquement ce renversement, cette transformation de la réciprocité en son contraire. C'est pourquoi les hommes ont d'abord rejeté l'échange hors des murs de la cité...

DÉFINITION DU QUIPROQUO HISTORIQUE

Si l'on confond les deux prestations : et que l'un *donne* pour créer de l'amitié ou pour établir son autorité de prestige, en croyant que l'autre est aussi un donateur, tandis que cet autre ne donne pas et ne reconnaît pas l'autorité de prestige mais qu'il *prend* autant qu'il peut et rend le moins possible, parce qu'il interprète toute prestation comme un échange, nécessairement le *quiproquo* a pour effet que les deux prestataires transfèrent les biens matériels au bénéfice de l'un sans retour pour l'autre. L'Occidental est le bénéficiaire de tels *quiproquo*[8]. Et il scelle aussitôt l'accumulation dont il bénéficie par la *propriété privée*. La propriété privée lui confère alors une position de force vis-à-vis de celui qui, s'apercevant du *quiproquo*, se rebelle.

Les empires de réciprocité ou de redistribution ont disparu mais le *quiproquo* continue d'être efficace au niveau de leurs communautés domestiques. Lorsqu'il est dévoilé, il est souvent trop tard : les communautés de réciprocité sont contraintes d'adopter le "libre-échange" qui domine toutes

---

8. Cf. D. Temple, *Le Quiproquo Historique,* Collection *réciprocité* n° 12, 2018. 1ère publication dans *Golias,* Bruxelles, 1992.

les relations internationales. Pour s'insérer dans l'ordre mondial et bénéficier des connaissances ou richesses de l'humanité, chacun doit produire pour le marché capitaliste. Les sociétés du don sont ainsi forcées d'adopter le libre-échange. Elles détruisent donc d'elles-mêmes les dernières relations de réciprocité génératrices de leurs valeurs et de leurs cultures pour leur substituer des systèmes de production pour l'échange.

Dans les sociétés occidentales, chacun est à la fois donateur-donataire et échangiste sans se duper lui-même. Chacun définit un territoire où domine l'échange marchand et un territoire réservé à la réciprocité, une *socialité secondaire* et une *socialité primaire*[9]. Dans l'une dominent l'achat et la vente, l'accumulation et le profit, dans l'autre les dons qui préservent le lien social, même si l'opposition n'est pas aussi tranchée qu'il y paraît comme le montre Paul Jorion[10].

Tandis que dans le monde occidental le développement du libre-échange a une longue histoire marquée de compromis et de compensations – la séparation du religieux et du politique, la réservation de territoires à la réciprocité par la coutume et la tradition –, dans les autres parties du monde son avènement est brutal et produit le chaos dans les valeurs de référence traditionnelles. Nous ne parlerons pas ici de la confrontation des sociétés qui accordent la prééminence à la réciprocité et lui inféodent l'échange, et des sociétés qui font l'inverse. Nous observerons seulement que dans les sociétés où triomphe l'échange, les hommes

---

9. Cf. Alain Caillé, *Critique de la raison utilitaire. Manifeste du M.A.U.S.S.*, La Découverte, Paris, 1989.
10. Cf. Paul Jorion, « Pour une autre économie », *La Revue du M.A.U.S.S. semestrielle*, n° 3, La Découverte, Paris, 1994.

souffrent de la réduction du champ de la réciprocité et sont mutilés du lien social.

Certes, les consommateurs du système capitaliste désirent la richesse, essentiellement l'argent qui permet de faire face aux nécessités ou encore d'exercer un pouvoir, mais beaucoup de ces richesses sont acquises pour le prestige. Une consommation importante est pure dépense qui relève d'une obligation inconsciente de reconnaissance sociale impliquant un statut de donateur. Le même phénomène apparaît chez les travailleurs exploités pour qui la plus-value aliénée est inconsciemment assimilée à un tribut comme si payer une dette imaginaire leur permettait d'être reconnus socialement (d'où la sur-valorisation du travail salarié comme facteur d'intégration sociale) et que cette illusion soit préférable à la prise de conscience que le travail n'a pour le système capitaliste qu'une valeur marchande. La souffrance de la perte du lien social n'est finalement avouée que lorsque sonne l'heure des comptes : quand l'exclusion de l'échange lui-même dissipe toute illusion.

LES DEUX ÉCONOMIES :

D'ÉCHANGE ET DE RÉCIPROCITÉ

Envisager l'articulation de la réciprocité sur l'échange ou celle de l'échange sur la réciprocité suppose de reconnaître ce qui est le propre de chacun, de reconnaître *l'interface* des deux systèmes. Hors de cette distinction, les perspectives les plus généreuses tournent court et la confusion conduit au chaos. Il faut dépasser le postulat qui fonde la pensée unique qu'il n'existerait qu'une économie. L'accumulation des biens et des moyens de production est toujours source de pouvoir, mais produire pour donner est un autre moteur que celui de produire pour accumuler.

Il est vrai que la dimension économique du don n'apparaît pas immédiatement. Il s'agit d'abord d'instaurer la réciprocité – *do ut des* (je donne pour que tu donnes) – parce que la réciprocité produit l'amitié. La dimension économique de cette invitation ne s'aperçoit qu'en second lieu : l'amitié, la justice, la responsabilité exigent en effet pour leur propre naissance les meilleures conditions d'existence pour autrui, et par conséquent une économie que nous qualifierons d'*humaine* pour l'opposer à l'économie *naturelle* des théoriciens de l'économie libérale. Par économie naturelle ceux-ci entendent une économie fondée sur le calcul et la raison. La raison étant dite naturelle pour l'homme, ils nomment l'économie de libre-échange économie naturelle parce que rationnelle, mais ils réduisent la raison à sa puissance instrumentale lorsqu'ils l'inféodent à l'intérêt. Pour éviter cette humiliation de la raison, il est nécessaire de considérer que l'homme est mû vis-à-vis d'autrui non par un calcul qui révèlerait seulement son intérêt biologique (loup pour l'homme !) mais par un sens de la justice, de la responsabilité pour autrui, et qu'il est conscient des valeurs les plus hautes. Mais d'où vient cette sagesse ?

Les hommes sont à la recherche de relations qui leur permettraient de devenir amis ou bien justes et responsables. Ils les découvrent de façon empirique et les vivent dans le respect de leur culture, de leur tradition, pour la joie qu'elles leur donnent, mais ils les ignorent dans la théorie. *Ils cueillent les fruits de l'arbre mais ils ne connaissent pas les racines de l'arbre.* Ils n'ont pas encore su reconnaître en effet les structures qui leur permettraient de construire à volonté les valeurs de justice, de liberté, de responsabilité… et à partir desquelles il est possible de créer l'abondance pour tous en même temps que le temps nécessaire aux œuvres de l'esprit. Ils sont même contraints de combattre les uns contre les autres pour survivre dans des conditions de plus en plus précaires en dépit de ce que la science leur offre les moyens d'assurer à tous la sécurité, la paix et les conditions d'une vie heureuse !

LES MATRICES DES VALEURS HUMAINES

Cette analyse suggérerait-elle le primat de la *vie bonne* et la définition d'un *bien* a priori, auquel devraient être ordonnées les relations sociales, perspective que l'on qualifie parfois d'aristotélicienne ? Le libéralisme, revu et corrigé par les *principes de justice*[11], souhaite que l'on fasse l'économie de la définition de la *vie bonne* afin d'éviter les guerres de religion et les affrontements auxquels conduisent des idéaux différents. Mais la philosophie d'Aristote porte davantage sur les conditions du souverain bien, que sur la définition du bien. Les conditions du souverain bien sont l'*isotès* – c'est-à-dire un rapport de réciprocité équilibrée – et d'autre part la *mesotès*, c'est-à-dire le "juste milieu" entre les contraires qui donne sens aux opposés. Nulle définition du souverain bien, ici.

Aristote constate cependant que le produit idéal de la réciprocité est la *grâce*, et que lorsque ce sentiment naît dans une structure de face-à-face, il devient *l'amitié* car la grâce fait resplendir le visage d'autrui... Mais il est vrai que si l'on déifie la grâce, que si l'on hypostasie l'amitié, les divinités se disputent le ciel et la terre : chacune donne sa version du bien... Il ne s'agit donc pas de faire appel à des valeurs transcendantales, ni de fonder l'économie ou le politique sur l'éthique définie dans un imaginaire ou l'autre, ni de suggérer un ordre de prééminence entre les biens. Il s'agit d'avoir le

---

11. Cf. John Rawls, *A Theory of Justice* [1971], trad. franç. *Théorie de la Justice*, Le Seuil, Paris, 1987.

choix d'engendrer ces biens, la responsabilité, la justice, l'amitié… par la reconnaissance des différentes structures sociales qui les produisent. Notre attention doit se porter sur les matrices de ces valeurs.

Tout imaginaire doit donc être récusé au bénéfice des structures génératrices des valeurs humaines. De la même façon que l'on reconnaît à l'échange de révéler la valeur d'échange et que l'on s'inquiète de ce qu'il ne soit pas capable de produire ni la justice ni l'amitié ou que l'on s'interroge de savoir à quelles conditions minimales il devrait souscrire pour éviter de conduire au pire, de la même façon nous devons reconnaître aux diverses structures de réciprocité les valeurs dont elles sont les matrices, et nous interroger sur les conditions minimales à respecter pour que chacun puisse y participer en toute liberté.

II

VALEUR ET RÉCIPROCITÉ

Dans les discussions sur la valeur, le mot est souvent pris comme substantif sans complément. Pour éviter tout malentendu, Marx a pris la précaution de définir un autre concept : celui de *forme de la valeur*, qui exige une analyse des conditions de production de la valeur[12]. Ce n'est que lorsqu'il parle ostensiblement du système capitaliste qu'il utilise le terme de valeur sans autre précision.

Le rapport entre les hommes peut se constituer à partir de leurs intérêts en tant qu'échange ou bien selon d'autres raisons ; et la valeur aura une autre *forme* selon la nature de ces rapports humains. En particulier, la valeur acquiert une

---

12. Cf. Karl Marx, *Le capital*, Livre I "Développement de la production capitaliste", I *La marchandise*, I IV : « Les catégories de l'économie bourgeoise sont des formes de l'intellect qui ont une vérité objective, en tant qu'elles reflètent des rapports sociaux réels, mais ces rapports n'appartiennent qu'*à cette époque historique déterminée* [souligné par Marx] où la production marchande est le mode de production social. Si donc nous envisageons d'autres formes de production, [...] ». Marx, *Œuvres*, Bibliothèque de La Pléiade, Paris, 1963-1968 ; vol. I, p. 610.

forme éthique si elle est engendrée dans une économie où le travail est "humain", selon l'expression de Marx, c'est-à-dire "réciproque" (toujours selon Marx[13]).

Dans "Travail salarié et capital" (1849), Marx précise :

> « En produisant, les hommes ne sont pas seulement en rapport avec la nature. Ils ne produisent que s'ils collaborent d'une certaine façon et font échange de leurs activités[14]. »

Et dans la rédaction de 1891, pour être plus clair, il ajoute : « mais ils entretiennent aussi des rapports entre eux-mêmes ».

Pour conclure :

> « Pour produire, ils établissent entre eux des liens et des rapports bien déterminés : leur contact avec la nature, autrement dit la production, s'effectue uniquement dans le cadre de ces liens et de ces rapports sociaux. »

Cependant, il n'étudie pas d'autres systèmes que celui de l'échange puisque c'est le système capitaliste qu'il met en question. Par ailleurs, Marx dénonce les économistes qui croient pouvoir élaborer une science de l'économie à partir des "catégories de la bourgeoisie". Sa critique se veut fondamentale : elle ne vise pas moins que la logique et la dialectique hégélienne. Il dénonce un processus qui implique l'abstraction – utilisée pour élaborer à partir d'un système donné des règles logiques – et l'institution de ces règles comme références universelles :

---

13. *Ibid.*, vol. II, "Économie et philosophie", *Manuscrits de 1844*, Notes de lecture I. 22 "La production humaine", pp. 33-34.
14. Marx, "Travail salarié et capital", vol. I, *op. cit.*, p. 212.

> « Si l'on trouve dans les catégories logiques la substance de toute chose, on s'imagine trouver dans la formule logique du mouvement la *méthode absolue*, qui non seulement explique toute chose, mais qui implique encore le mouvement de la chose[15]. »

Il vise ici Hegel. Mais il poursuit :

> « Appliquez cette méthode aux catégories de l'économie politique, et vous aurez la logique et la métaphysique de l'économie politique, ou, en d'autres termes, vous aurez les catégories économiques connues de tout le monde, […][16]. »

Il récuse cette "méthode". Plus précisément, il observe que les événements historiques n'obéissent ni à la logique ni à la dialectique des catégories économiques du système de l'échange. Sa critique vaut certainement pour toute analyse du réel, mais il conteste en particulier que l'on puisse fonder une science économique générale à partir des données de l'économie capitaliste, et que les catégories élaborées à partir de cette économie soient universelles[17].

Il est évident qu'en postulant les "catégories de la production bourgeoises" universelles, on ne pourra que retrouver partout l'économie capitaliste (ou pré-capitaliste) et

---

15. *Ibid.*, "Misère de la Philosophie" (1847), chap. II, I, p. 76.
16. *Ibid.*, pp. 77-78.
17. « En disant que les rapports actuels – les rapports de la production bourgeoise – sont naturels, les économistes font entendre que ce sont là des rapports dans lesquels se crée la richesse et se développent des forces productives conformément aux lois de la nature. Donc ces rapports sont eux-mêmes des lois naturelles indépendantes de l'influence du temps. Ce sont des lois éternelles qui doivent toujours régir la société. Ainsi, il y a eu de l'histoire, mais il n'y en a plus. » Marx, "Misère de la Philosophie", *op. cit.*, p. 88.

il ne sera pas possible d'échapper à sa logique. Ce pourquoi il oppose à la "méthode" des économistes, l'"analyse" des faits – analyse que l'on ne manquera pas d'appeler plus tard "structurale".

On objectera que la domination du système capitaliste est écrasante et que ce n'est pas un raisonnement philosophique qui lui fera obstacle. Cependant, rien n'empêche qu'une "modification des forces productives" ne bouleverse les "rapports sociaux de production" et ne suscite ou ne libère d'autres rapports sociaux, qui exigeront une autre analyse. Nous en avons un exemple aujourd'hui qui eut probablement fort réjoui Karl Marx. L'*information*, dont le contrôle assurait aux capitalistes la maîtrise de la production et de la consommation, est de plus en plus liée au développement de la technologie numérique. Or, cette technologie échappe aux capacités de contrôle de tout pouvoir. L'information ainsi libérée est à la disposition de tous les citoyens. Elle ne permet pas seulement une plus grande liberté des échanges, elle autorise la généralisation des relations de réciprocité. Les rapports sociaux sont donc en voie d'une profonde transformation : si l'on faisait l'"analyse de la situation", comme le fit Marx, on ferait apparaître jusqu'à une autre logique : en effet, les relations de réciprocité autorisées par la révolution numérique engendrent divers sentiments éthiques qui ne s'analysent pas en termes de forces et qui se situent hors du champ de la logique de la Physique.

Si d'autres rapports sociaux que les rapports de production déterminés par l'appropriation privée des moyens de production doivent être envisagés, on peut poser la question : Quelle *forme de la valeur* autre que la *valeur d'échange* vont-ils engendrer ? Quels sont dès lors "les principes, les idées, les catégories" et la "logique" qui devraient être reconnus au cours du développement de ces rapports sociaux déterminés non plus par l'intérêt des individus mais par la réciprocité ?

Selon Aristote, la production d'un sentiment éthique exige le *partage* (*metadosis*) – le contraire de la privatisation des biens échangés en fonction de l'intérêt de chacun. Le *partage* répartit les biens entre tous. Il implique que chacun relativise son intérêt par celui d'autrui. Il produit le sentiment commun qui transcende les intérêts des uns et des autres (la *philia*). Le partage permet de donner forme à la valeur (une forme désormais éthique), parce qu'il est lui-même une *structure de réciprocité*. L'égalité entre les uns et les autres est alors positivement assumée dans une économie que l'on peut dire sociale si l'on ne veut pas la dire de réciprocité[18].

Précisons que si les protagonistes relativisent leur intérêt au bénéfice d'autrui de façon réciproque, apparaît pour chacun d'eux un sentiment commun qui ne résulte pas d'un rapport de forces mais de sa disparition. Un tel sentiment est la *résultante* de la relativisation des intérêts des uns et des autres, dont ne peut donc rendre compte la logique de la Physique. La Physique impose en effet d'interpréter les faits en termes de forces. C'est pourquoi il lui est difficile de

---

18. Il n'est pas étonnant dès lors qu'il y ait antagonisme entre l'économie capitaliste fondée sur le libre-échange et l'économie sociale fondée sur la réciprocité. On comprend que devant ce dilemme, les économistes du système capitaliste n'aient eu de cesse de subvertir la pensée du Philosophe et de traduire *metadosis* par... échange ! Polanyi fut le premier à dénoncer ce contresens. Cf. K. Polanyi, C. M. Arensberg & H. W. Pearson, *Trade and Market in the Early Empires* [1957], trad. franç. *Les Systèmes Économiques dans l'Histoire et dans la Théorie*, Larousse, Paris, 1975.

concevoir la réciprocité anthropologique. Si dans l'échange le sujet se définit par son rapport à l'objet, et son pouvoir par l'accumulation de richesse, dans la réciprocité le sujet se définit grâce à son rapport à l'autre. L'objet est seulement un instrument de cette relation. C'est l'intersubjectivité qui confère une valeur à l'objet. Pour dire la chose autrement, la réciprocité est une relation telle qu'autrui est impliqué pour définir un nouveau sujet, de sorte que le sujet initial devient un *Autre,* tandis que l'autre devient aussi cet *Autre* de façon symétrique ; ce pourquoi on dira que le sujet devient pour l'un comme pour l'autre un *Tiers* dont chacun est l'hôte. Ce Tiers est le sentiment d'une humanité commune, le Sujet en tant qu'humain et non plus biologique. La réciprocité conduit dès lors à reconnaître une logique qui permette de traiter la naissance et le devenir de cet Autre que nous appelons l'Humanité, c'est-à-dire une logique qui puisse intégrer dans son champ le sentiment éthique qui s'impose à tous !

La valeur, dans un système de production pour l'échange, selon Smith, Ricardo, Marx, se définit par la quantité de travail social nécessaire pour produire un bien utile, et l'on peut dire que dans le système capitaliste, il n'y a pas de valeurs qui ne soient immédiatement dénaturées en prix qui mesurent des *rapports de force* entre les intérêts des uns et des autres. Le but du système n'est pas la valeur mais le profit qui permet de construire le pouvoir de domination des uns sur les autres[19]. Cependant, le capitalisme a des effets si désastreux que pour les corriger ses défenseurs eux-mêmes invoquent l'éthique. Mais peut-on se contenter d'une

---

19. Si attention est accordée à autrui, elle est alors subordonnée par le calcul à l'intérêt privé, et si réciprocité il y a, elle est subsumée par celui-ci.

économie fondée sur des rapports de force, corrigés dans le meilleur des cas par une politique fondée sur des valeurs métaphysiques, sans courir le risque de la violence du symbolique qui est aussi meurtrière que le pouvoir nu ?

Nous avons avancé que les productions économiques qui s'inscrivent dans la réciprocité sont dotées d'une dimension éthique qui les constitue comme *valeurs,* que la *valeur* n'est pas une entité déjà constituée, qu'elle n'est pas non plus laissée à la discrétion des puissants, des oligarques ou des aristocrates, mais *produite* par toute relation humaine intersubjective constitutive du vivre ensemble, c'est-à-dire de réciprocité. Cette inscription de la prestation économique dans la réciprocité, comment se réalise-t-elle positivement ? C'est à notre avis l'un des mérites de Platon et d'Aristote d'avoir mis en évidence que pour construire une commune référence qui soit la valeur, il est nécessaire d'interpréter le travail dans une relation de réciprocité qui satisfasse les besoins des uns et des autres.

Platon, dans *La République*, rappelle que les hommes s'assemblent en communauté pour s'entraider, et que le souci de satisfaire les besoins des uns et des autres conduit à la formation d'un État. C'est de l'entraide réciproque que naît la communauté. Platon s'inquiète cependant de la question de l'intérêt : est-ce pour lui-même que chacun produit selon son art ou pour toute la communauté ? Il répond que si l'épanouissement des dispositions particulières de chacun suppose qu'on leur consacre toute son attention, une telle spécialisation exige de pouvoir compter sur autrui pour les autres nécessités de la vie, d'où l'organisation des activités de chacun pour la satisfaction des besoins de tous : de chacun selon ses dons, c'est aussi le travail de chacun au bénéfice de tous.

Οὕτω δὴ ἄρα παραλαμβάνων ἄλλος ἄλλον, ἐπ' ἄλλου, τὸν δ' ἐπ' ἄλλου χρείᾳ, πολλῶν δεόμενοι, πολλοὺς εἰς μίαν οἴκησιν ἀγείραντες κοινωνούς τε καὶ βοηθούς, ταύτῃ τῇ συνοικίᾳ ἐθέμεθα πόλιν ὄνομα [20].

Victor Cousin traduit :

> « Ainsi le besoin d'une chose ayant engagé un homme à se joindre à un homme, et le besoin d'une autre chose, à un autre homme, la multiplicité des besoins a réuni dans une même habitation plusieurs hommes pour s'entr'aider, et nous avons donné à cette association le nom d'État [...]. »

Christian-Bernard Amphoux[21] a bien voulu nous éclairer sur ce texte qui dit que le *besoin* assemble des compagnons qui mettent leur but en commun et se portent mutuellement secours. Le terme *Koinonos* ("l'associé, le partenaire, le compagnon, celui qui partage en toute chose") sera repris dans les textes chrétiens visant la communauté parce qu'il désigne celui qui a des relations de travail commun avec les autres ; et *boethos* ("celui qui aide") parce qu'il désigne celui qui porte secours à qui est en détresse, une idée plus forte encore que l'entraide, au point que *boethos* deviendra le nom du Messie (qui porte secours à autrui non par intérêt mais pour une raison éthique : le Salut).

Le texte de Platon indique clairement l'emprise de la réciprocité, et ce n'est que dans la phrase suivante que Platon

---

20. Platon, *La République* [369c], traduction Victor Cousin (1822-1840), *Œuvres de Platon,* Tomes IX et X, Livre II.
21. Christian-Bernard Amphoux, chercheur honoraire en philologie grecque au CNRS et ancien directeur de l'Académie des langues anciennes de Saintes (1981-1999).

introduit la satisfaction de chacun comme résultat de cette entraide.

Μεταδίδωσι δὴ ἄλλος ἄλλῳ, εἴ τι μεταδίδωσιν, ἢ μεταλαμβάνει, οἰόμενος αὑτῷ ἄμεινον εἶναι.

Or, tous les traducteurs introduisent ici l'idée de l'échange et de l'intérêt.

Robert Baccou[22], par exemple :

> « Mais quand un homme donne et reçoit, il agit dans la pensée que l'échange se fait à son avantage. »

Victor Cousin :

> « Mais on ne fait part à un autre de ce qu'on a pour en recevoir ce qu'on n'a pas qu'en croyant y trouver son avantage. »

Émile Chambry[23] surenchérit dans ce sens en inféodant davantage encore la réciprocité à l'échange intéressé :

> « Mais quand un homme donne et reçoit, il ne fait cet échange que parce qu'il y voit son intérêt. »

Pourtant *"metadidonaï"* n'est-ce pas le *partage* ou la *réciprocité des dons* ?

Christian Amphoux traduit littéralement :

> « L'un donne une part (de ce qu'il a) à un autre, s'il le fait (= le cas échéant), ou il en reçoit une part, s'il pense que c'est mieux pour lui. »

---

22. Robert Baccou, *Œuvres complètes de Platon*, Tome IV, Classiques Garnier, Paris, 1938 ; Livre II, [369c].
23. Émile Chambry (1920-1935), Platon, *Œuvres complètes*, Tome VI, *La République*.

Il commente :

> « Il est clair que l'helléniste ne pense qu'en fonction des valeurs de son temps s'il n'est pas mis en garde et en demeure de se projeter dans le passé. Rien ne permet de préciser davantage dans cette phrase qu'il s'agisse d'une action par intérêt. La phrase me fait penser aux dons de solidarité, mais elle peut s'interpréter pour des dons qui lient l'autre, donc plus intéressés. Ce n'est juste pas précisé. Il faut donc voir ailleurs. L'*économie de la réciprocité* introduit un *casus* nouveau[24]. »

On entend alors une stricte relation de réciprocité : *L'un partage avec l'autre s'il donne effectivement, ou reçoit, pensant que cela vaut mieux pour lui-même (que de ne pas partager).*

Quand bien même on lierait *"métalambanai"* ("recevoir sa part") au deuxième terme de la phrase (pensant que cela vaut mieux pour lui-même), on ne sortirait pas du cadre de la réciprocité, car il est évident que si donner en partage à autrui le satisfait puisque l'on cherche effectivement à satisfaire son désir, "recevoir de lui" soit tout aussi bienvenu[25].

---

24. Christian-Bernard Amphoux, communication personnelle.

25. Mais quel rapport, demandera-t-on, y a-t-il donc à l'origine entre l'entraide et la relation intersubjective qui crée l'amitié ? La première relation de réciprocité est nécessairement l'hospitalité, la protection contre le danger et l'assurance des conditions d'existence immédiates. Et cette expérience conduit à l'alternative : la réciprocité crée l'amitié, et la non-réciprocité l'indifférence sinon l'hostilité. S'il est possible que cette propriété de l'hospitalité soit retournée au profit d'un intérêt privé, ce n'est que par l'intervention d'un calcul qui puisse retourner la réciprocité et le don de bienveillance en son contraire. C'est ce qui vient spontanément à l'esprit des commentateurs modernes.

On peut cependant observer que ce texte se réfère aux besoins que peut satisfaire l'entraide et non pas explicitement au sentiment de bonheur qui résulte de la réciprocité. Dès lors, ne pourrait-on soutenir que les dons réciproques ouvrent la voie à la satisfaction des intérêts propres aux uns et aux autres, et par la suite aux échanges ?

On doit alors envisager la portée générale du propos en le situant dans son contexte. Platon vise la fondation de l'État. Dans ce dialogue, Socrate proposait que l'organisation de la cité ait pour objet la satisfaction des conditions d'existence. Ce qui lui vaut la réplique de Glaucon : « C'est avec du pain sec, ce me semble, que tu fais banqueter ces gens là ! ». Socrate répond qu'il ne pensait pas à l'État des Athéniens qui ajoutent au nécessaire le luxe et la volupté. Mais il accepte de respecter leur conception de l'État parce que cela va permettre de faire la distinction entre bonheur et jouissance ainsi qu'entre justice et injustice. C'est bien à la valeur éthique (au Bien) qu'est ordonnée la recherche de la cité idéale de Platon.

Se pose alors une question précise avec l'introduction des commerçants sur la place du marché.

> « – Mais dans l'intérieur même de la cité, comment les citoyens se feront-ils part les uns aux autres des produits de leur travail respectif ? Car c'est précisément pour cela que nous avons fait une société et fondé un État.
>
> – Il est évident [dit Adimante qui a pris le relais de Glaucon] que ce sera par vente et par achat.
>
> – De là la nécessité d'un marché et d'une monnaie, signe de la valeur des objets échangés[26]. »

---

26. Émile Chambry, *op. cit.*, [371b].

Émile Chambry introduit ici le terme de *valeur d'échange*.
Georges Leroux[27] fait de même :

> « De là la nécessité d'un marché et d'une monnaie, signe de la valeur des objets échangés. »

Victor Cousin également...

Le texte grec n'oblige pas à cette sur-interprétation :

Ἀγορὰ δὴ ἡμῖν καὶ νόμισμα σύμβολον τῆς ἀλλαγῆς ἕνεκα γενήσεται ἐκ τούτου.

Léon Robin & M.-J. Moreau[28] traduisent :

> « Un marché, une monnaie, signe de convention destiné à l'échange, voilà ce qui en résultera. »

Les choses échangées le sont-elles en fonction d'une convention établie dans une relation de réciprocité préalable ou en fonction du profit des échangistes : *valeur de réciprocité* ou *valeur d'échange* ?

Comme précédemment, les traducteurs projettent l'idée qui leur est coutumière, d'après le système économique dans lequel ils sont immergés, sur un système qui leur est étranger, et dans lequel l'échange ne peut justifier l'idée de "valeur d'échange" car la valeur y est le fruit de la réciprocité qui *précède* l'échange, et l'échange doit respecter cette valeur.

Mais l'une et l'autre définition de la valeur ne pourraient-elles cohabiter ? Il ne le semble pas : la relation intersubjective entre producteurs lie la vente et l'achat l'un à

---

27. Georges Leroux, Platon, *La République* [371b], Flammarion, Paris, 2002.
28. Léon Robin & M.-J. Moreau, Platon, *Œuvres complètes*, Bibliothèque de la Pléiade, Paris, 1940-1942, t. 1, p. 917 [371b].

l'autre dans les mêmes termes, autrement dit elle impose de réaliser l'équivalent de réciprocité en valeur d'usage, ou de l'investir dans la production de valeur d'usage. Elle interdit donc que l'équivalent se constitue en valeur d'échange, du moins que celle-ci puisse se transformer en profit capitaliste.

Lorsqu'elle relie des services complémentaires entre eux, la réciprocité se traduit, sur la place du marché, par la vente et l'achat. Se pose donc la question de la justice entre les ventes et les achats. Platon définit la justice comme *harmonie* entre les activités des uns et des autres puisque chacun ne peut se consacrer à l'activité dans laquelle il s'épanouit que s'il bénéficie des activités tout aussi librement consenties des autres. Il n'accorde aucune importance aux intermédiaires qui assurent le relais des producteurs sur la place du marché.

Mais si le producteur, apportant au marché ses produits, ne trouve pas ceux qui ont besoin de lui acheter sa marchandise, abandonnera-t-il son travail de producteur pour les attendre ? Point du tout, répond Adimante à Socrate :

> « Il y a des gens qui, voyant cet inconvénient, se chargent du service d'intermédiaires. Dans les États bien réglés, ce sont ordinairement les gens les plus faibles de santé, incapables de tout autre travail. Leur rôle est de rester au marché, d'acheter à prix d'argent à ceux qui désirent vendre et de vendre, à prix d'argent aussi, à ceux qui désirent acheter[29]. »

Les marchands proposent donc leurs services pour faciliter les prestations entre ceux qui désirent échanger leurs produits selon les normes établies par la réciprocité. Il n'empêche que l'on voit poindre ici une différenciation entre

---

29. Platon, *La République*, trad. Émile Chambry, *op. cit.*, [371d].

deux voies possibles pour l'estimation de la valeur : les relations des citoyens d'un côté, et celles des commerçants, qui dans la Grèce antique n'ont pas droit au titre de citoyen, de l'autre. La notion de valeur d'échange apparaît, se développera plus tard et ne triomphera qu'à notre époque.

Pour Platon, l'échange est inféodé à la réciprocité et seuls les citoyens définissent les références du marché. Cependant, il reconnaît la dualité du marché de réciprocité et d'échange, et il pourrait imaginer que si les commerçants prenaient de l'importance au détriment des citoyens, ils imposeraient leurs critères : le profit deviendrait la principale raison des échanges, et les prix s'accorderaient selon l'offre et la demande en raison d'un rapport de force entre les uns et les autres[30].

Aristote reprend cette question dans l'*Éthique à Nicomaque*[31]. Son analyse va plus loin : dans une relation de réciprocité généralisée, chacun reçoit d'un côté et donne de l'autre, et reçoit de cet autre côté et donne de l'autre : il se trouve dans une position intermédiaire où il doit équilibrer ses actes, et le sentiment qui résulte de cet *équilibre* est le sentiment de *justice*.

Dans la réciprocité généralisée (le *marché de réciprocité*), les services des uns s'équilibrent avec ceux des autres grâce à la médiation du travail des uns et des autres dans des

---

30. Karl Polanyi a attiré l'attention sur le fait que dans l'Antiquité, même le commerce à longue distance, tout en autorisant la spéculation sur les prix, se devait de respecter les prix fixés par les marchés de réciprocité entre lesquels il s'insinuait. Cependant, Xénophon relevait que l'échange réservé au paiement des mercenaires pouvait conduire au pouvoir.

31. Aristote, *Éthique à Nicomaque*, Publications Universitaires de Louvain, 3 vol., 1958.

conditions égales. Cette commune mesure définit le *prix juste*. L'*équivalent* général témoigne donc d'une relation de réciprocité symétrique entre les hommes, et la monnaie est l'expression symbolique de la *justice*[32].

Et c'est Aristote qui observera que les échangistes peuvent échapper au contrôle des citoyens dans le commerce à longue distance et spéculer sur les équivalences établies dans différents systèmes de réciprocité. Il commentera et dénoncera l'apparition du profit. La même monnaie sera cependant utilisée dans les prestations d'échange comme dans celles de réciprocité puisque l'échange est subordonné à la réciprocité ; ce qui peut-être explique qu'elle sera revendiquée comme le symbole de la valeur dans un système puis dans l'autre sans discontinuité.

Platon déjà s'inquiétait de la question : comment s'assurer de la justice ? Le "juste prix" est-il déterminé par les relations de réciprocité entre producteurs ou bien dépendrait-il de l'ajustement que les commerçants feraient entre eux en fonction du profit escompté ?

> « Alors où peut-on y trouver la justice et l'injustice ? et, parmi les choses que nous avons examinées, avec laquelle ont-elles pris naissance ?[33] »
>
> Ἐγὼ μέν, ἔφη, οὐκ ἐννοῶ, ὦ Σώκρατες, εἰ μή που ἐν αὐτῶν τούτων χρείᾳ τινὶ τῇ πρὸς ἀλλήλους ?

---

32. Dans *Les Lois*, Platon désignait la monnaie comme "grecque" c'est-à-dire symbole de réciprocité entre citoyens : la monnaie est alors l'expression d'un pacte, l'assurance qu'autrui se conduira comme on s'est conduit vis-à-vis de lui.
33. Émile Chambry, *op. cit.*, [371d].

Victor Cousin traduit dans le sens de la réciprocité :

> « Je ne le vois pas, Socrate, à moins que ce ne soit dans les rapports des citoyens les uns envers les autres, en faisant tout ce que nous venons de dire[34]. »

Robin & Moreau traduisent dans le même sens :

> « Pour moi, dit-il, je n'en conçois pas, Socrate ; sinon, je pense, dans une certaine façon pour ces agents mêmes d'user de leurs relations mutuelles. »

Mais Émile Chambry traduit dans le sens de l'échange :

> « Pour moi, répondit-il, je ne le vois pas, Socrate, à moins que ce ne soit peut-être dans l'échange que les hommes font entre eux de ces choses mêmes. »

Émile Chambry substitue aux *relations entre les hommes, l'échange des choses*. Et ce ne sont plus des hommes qui s'accordent entre eux en fonction des besoins des uns et des autres, ou plus précisément les uns pour les autres (πρὸς ἀλλήλους), mais des hommes qui échangent les produits des uns et les produits des autres dans leur intérêt comme s'il était écrit πρὸς αὐτούς. De la réciprocité entre les besoins des uns et des autres, on est passé à l'échange des choses ; et des acteurs de la réciprocité, à ceux du libre-échange.

Cette traduction obéit sans doute à l'obligation de donner sens au texte de Platon à partir des catégories de notre époque : une contrainte qui nous renvoie à la critique que Marx adressait aux économistes qui croient que les catégories de l'économie capitaliste sont universelles – et ce d'autant plus qu'ils sont persuadés que les lois qu'ils observent sont celles de la nature et qu'ils interprètent la réalité à partir de la Physique.

---

34. Victor Cousin, *op. cit.*, [372a].

Or, Platon, qui maltraite copieusement ceux qui soutiennent que l'intérêt est à la base des rapports humains, en particulier dans sa polémique avec Thrasymaque, au Livre I de *La République*, soutient que c'est à l'encontre de l'intérêt que l'homme promeut ce qui le distingue de la nature.

Cependant, lorsque Thrasymaque est réfuté, ses compagnons se récrient : mais dans quel but la justice ? N'a-t-elle pas pour objet de satisfaire les désirs de chacun et lui procurer les plaisirs qu'il escompte de son rapport aux autres, en particulier grâce à une bonne réputation ? Beaucoup plus loin dans le dialogue, après tout un détour, Socrate leur répondra :

> « Tu oublies encore une fois, mon ami, [...] que la loi n'a point souci d'assurer un bonheur exceptionnel à une classe de citoyens, mais qu'elle cherche à réaliser le bonheur dans la cité tout entière, en unissant les citoyens soit par la persuasion, soit par la contrainte, et en les amenant à se faire part les uns aux autres des services que chaque classe est capable de rendre à la communauté ; et que, si elle s'applique à former dans l'État de pareils citoyens, ce n'est pas pour les laisser tourner leur activité où il leur plaît, mais pour les faire concourir à fortifier le lien de l'État[35]. »

Nul doute que Platon et Aristote ont observé que l'intérêt et le pouvoir, la jouissance et l'envie sont de puissantes motivations des hommes, mais c'est à l'encontre de ces motivations qu'ils ont énoncé les catégories de *l'économie politique*, car ils ont reconnu dans l'entraide réciproque, le partage, la redistribution, les pratiques par

---

35. *Ibid.*, [519e-520a].

lesquelles les hommes créent leurs valeurs et donnent un prix juste aux biens qui leur sont nécessaires. Ils ont établi en effet la jonction entre la valeur éthique et la valeur d'usage grâce à la réciprocité qui engendre la justice (distributive ou corrective), car c'est elle qui permet d'accorder une dimension symbolique à des prestations matérielles. Ainsi, la richesse offerte à autrui devient le *gage* d'une relation d'amitié qui lie chacun des partenaires à l'autre (autant celui qui donne que celui qui reçoit) et impartit à qui reçoit de donner à qui sera à son tour dans la nécessité.

Que le gage soit à l'origine de l'équivalent de réciprocité dans un marché généralisé signifie que la monnaie acquiert une valeur sociale en tant qu'elle symbolise la quantité de travail que chacun offre à la communauté tout entière, à la fois comme preuve de sa gratitude puisque c'est à la communauté qu'il doit sa liberté et à la fois comme effet de sa puissance car c'est sur le marché de réciprocité qu'il peut déployer ses qualités et créer un sentiment d'humanité commun.

Que serait donc la *valeur* ? Le lien social entre les hommes, plus précisément le sentiment de la justice grâce auquel il est légitime de s'approprier la production matérielle. Cependant, dans cette société idyllique où la justice se doit à la répartition des biens en fonction des besoins, les citoyens ont beau jeu de déployer leurs facultés quand le travail est mu par Eros, et que la peine du travail est réservée aux esclaves !

Aristote, relevant comme Platon que l'échange a deux sources (le commerce à longue distance et le marché de la place publique – l'*agora* – où les artisans monnayent leurs services), entrevoyait que le rapport des choses entre elles puisse déterminer leur rentabilité. En effet, la monnaie, pour ces petits commerçants non citoyens, n'est pas tant le symbole de la valeur, comme pour ceux qui peuvent se défausser sur leurs esclaves, que du travail nécessaire à la production de la valeur. La valeur dès lors ne dépend que de rapports de production libérés de l'esclavage. Dans le système capitaliste, l'exploitation de la condition ouvrière déterminera la forme de la valeur comme valeur d'échange.

Néanmoins, la valeur peut aussi se concevoir à partir du travail lorsque la valeur d'usage demeure l'aboutissement de la production. Le travail humain, en effet (Marx insistera sur cette question), ne se trouve pleinement réalisé que sous la forme de la satisfaction de ce qui est nécessaire à autrui, de sorte que la notion de justice, qui apparaît seulement au moment de la répartition du produit du travail, est en réalité créée dès le moment où le travail est pour autrui – ce que notait déjà Homère qui incluait dans cette réciprocité productive jusqu'au rapport de l'esclave et du maître ![36].

Pour l'idéologie que soutenaient les contradicteurs de Socrate[37], la justice ne serait pas recherchée pour elle-même

---

36. Au bouvier et au porcher qui lui sont demeurés fidèles, Ulysse répond : « Si quelque jour un dieu jette sous ma vengeance les nobles prétendants, je vous marie tous deux, je vous donne des biens, je vous bâtis une maison près de la mienne et, pour moi, désormais, vous êtes les amis, les frères de mon fils !... ». Homère, L'*Odyssée*, XXI, v. 210, trad. de Victor Bérard, Les Belles Lettres, Paris, 1932.

37. Et pas seulement les contradicteurs de Socrate. Luc Boltanski cite Simone Weil qui commente Thucydide : « Les Athéniens, étant en guerre contre Sparte, voulaient forcer les habitants de la petite île de Mélos, alliée à Sparte de toute antiquité, et jusque là demeurée neutre, à se joindre à eux. Vainement les Méliens, devant l'ultimatum athénien, invoquèrent la justice, implorèrent la pitié pour l'antiquité de leur ville. Comme ils ne voulurent pas céder, les Athéniens rasèrent la cité. [...] "Vous le savez comme nous ; tel est constitué

mais pour son utilité[38]. Il devint cependant impossible de justifier cette idéologie lorsque les philosophes eurent démontré l'inanité du primat de l'intérêt. C'est à l'encontre de l'intérêt que l'homme promeut ce qui le distingue dans la nature – le Bien – dont la justice est l'une des expressions majeures. Ce ne sont pas les intérêts, les plaisirs, les envies des uns ou des autres qui motivent l'économie politique mais

---

l'esprit humain, ce qui est juste est examiné seulement s'il y a nécessité de part et d'autre. Mais s'il y a un fort et un faible, ce qui est possible est imposé par le premier et accepté par le second". »
Les Méliens invoquent la justice divine et les Athéniens répliquent : « Nous avons à l'égard des Dieux la croyance, à l'égard des hommes la certitude que toujours par une nécessité de nature, chacun commande partout où il en a le pouvoir ». Luc Boltanski, L'Amour et la Justice comme compétences, Métailié, Paris, 1990, pp. 137-138.

38. La thèse de l'utilité est défendue par Glaucon : « On dit que, suivant la nature, commettre l'injustice est un bien, la subir, un mal, mais qu'il y a plus de mal à la subir que de bien à la commettre. Aussi quand les hommes se font et subissent mutuellement des injustices et qu'ils en ressentent le plaisir ou le dommage, ceux qui ne peuvent éviter l'un et obtenir l'autre, jugent qu'il est utile de s'entendre les uns avec les autres pour ne plus commettre ni subir l'injustice. De là prirent naissance les lois et les conventions des hommes entre eux, et les prescriptions de la loi furent appelées légalité et justice. Telle est l'origine et l'essence de la justice. Elle tient le milieu entre le plus grand bien, c'est-à-dire l'impunité dans l'injustice, et le plus grand mal, c'est-à-dire l'impuissance à se venger de l'injustice [...] ».

« Si en effet un homme, devenu maître d'un tel pouvoir, ne consentait jamais à commettre une injustice et à toucher au bien d'autrui, il serait regardé par ceux qui seraient dans le secret comme le plus malheureux et le plus insensé des hommes. Ils n'en feraient pas moins en public l'éloge de sa vertu, mais à dessein de se tromper mutuellement dans la crainte d'éprouver eux-mêmes quelque injustice ». Platon, La République, trad. Émile Chambry, op. cit., [359a] et [360d].

le bonheur (*eudaimonia*). Le lien social ne se réduit pas au plus petit commun dénominateur des intérêts particuliers, celui-ci fût-il la paix qu'escomptent ceux qui recherchent leur intérêt bien compris au moindre coût, mais le Bien qui résulte de l'activité de chacun quand elle est utile à tous. Dès lors, la valeur s'oppose à la force.

Selon les partisans du système capitaliste, l'économie traduit des rapports de force, ce qui exclut l'idée d'une relativisation de ces forces en une résultante qui seule, selon nous, mérite le nom de valeur. Dès lors, pour compléter leur théorie, les défenseurs du système capitaliste doivent déclarer que la valeur est une référence métaphysique, une espérance morale (dont ils ne savent expliquer la genèse), qu'ils invoquent pour empêcher le chaos et la guerre.

Comme nous l'avons rappelé dans un précédent article sur Keynes et le Bancor[39], Keynes fut bouleversé à la fin de sa vie parce que le libre-échange lui parut en partie responsable de la Deuxième Guerre mondiale. Il chercha quelles règles économiques permettraient au libre-échange de se généraliser sans entraîner des inégalités susceptibles de conduire à la guerre. Il suggéra que les prix définis dans le cadre du libre-échange ne puissent osciller que de façon limitée par rapport à une norme idéale appelée valeur, anticipation de l'équilibre du marché, et dont le respect serait scellé par les parties prenantes grâce à une assurance des risques de leurs investissements et de leurs prêts, assurance prise en une monnaie non spéculative. Il en résulte deux formes monétaires : la monnaie d'échange, spéculative, et la monnaie de référence non spéculative. Il appelle celle-ci

---

39. Cf. D. Temple, « Keynes - le Bancor », en ligne sur le site de l'auteur, dans *Journal* - février 2011.

bancor. Le principe qui fonde cette monnaie est la réciprocité. Les modalités de convertibilité des monnaies d'échange en *bancor* doivent permettre le contrôle et la régulation de leurs affrontements. L'égalité imposée par la réciprocité ne contredit pas l'inégalité qu'exploite le libre-échange, elle l'autorise comme une fluctuation autour d'un axe dont elle assume la stabilité. L'égalité englobe l'inégalité.

Mais comment se réalise l'égalité ? Keynes demeure fidèle à la thèse du libéralisme : par la discussion démocratique entre les intérêts des uns et les intérêts des autres, dit-il, en fonction des rapports de force entre les individus. C'est une solution qui nous semble très proche de celle de John Rawls pour qui les propriétaires devraient négocier leur production en fonction de leurs intérêts dans les limites qui assurent la sécurité de tous. Ce qui nous ramène à l'argument de Glaucon sur l'utilité de la justice. On est loin encore de l'homme juste, de l'homme qui s'identifie au sentiment de la justice. Un tel sentiment ne peut lui appartenir que s'il participe d'une relation de réciprocité, et nul crédit ne pourra lui accorder ce qui lui manque. Il y a là un seuil entre les uns et les autres qui serait sans doute infranchissable sans le secours de la *réciprocité négative*[40].

---

40. Que l'on puisse subir un dommage de l'égoïsme de celui qui ignore la justice induit la vengeance, et celle-ci, dans le meilleur des cas c'est-à-dire insérée dans une "réciprocité de vengeance" ou "réciprocité négative", rétablit le sentiment du "juste milieu" et de la justice qui habite l'imaginaire de l'honneur. Cf. D. Temple, *La réciprocité de vengeance* (2003), Collection *réciprocité*, n° 7, 2017.

Comment concilier le sentiment éthique et la raison ?

La réponse traditionnelle est la réciprocité. Quelle que soit l'action de l'un vis-à-vis de l'autre, en la redoublant en sens inverse la réciprocité permet que la relativisation de leur conscience initiale au bénéfice d'une résultante – la *médiété* en Grec ancien – se traduise par un sentiment éthique – l'*aretè*, la valeur – identique pour l'un comme pour l'autre. L'*absolu* du *sentiment éthique* tient à sa nature affective ; l'idée qu'il est *universel*, au fait qu'il peut être ressenti par chacun comme son propre sentiment et en même temps comme référence pour autrui puisque créé autant par l'un que par l'autre.

Comment donc équivaloir le sentiment qui prévaut dans telles ou telles conditions particulières avec une loi universelle ? Le caractère absolu de tout sentiment n'induit-il pas que chacun puisse être pris pour référence ? Et si tous les sentiments éthiques peuvent prétendre à la suprématie, la responsabilité, la solidarité, la liberté, la justice, le courage… ne s'affronteront-ils pas de façon irrémédiable ? De surcroît, le sentiment éthique s'accompagne de l'imaginaire dans lequel il se représente comme valeur particulière pour une communauté de réciprocité donnée. Cet imaginaire traduit la *valeur* de façon non-contradictoire, ce qui exclut toute autre représentation contraire. De ce qui pourrait être indifférence des absolus entre eux, on en vient ainsi à des antagonismes.

Se délivrer de la sujétion à l'absolu et de l'imaginaire, conduit alors à récuser la conscience affective au bénéfice de la conscience objective, laquelle est liée à une logique qui permet de dominer la nature, de maîtriser l'environnement et d'améliorer les conditions d'existence de la société, mais contraint aussi à interpréter les relations humaines selon les lois de cette nature. Or, cette logique est inadaptée à l'énergie psychique à laquelle elle est imprudemment appliquée.

Le système capitaliste fait bien appel à la raison, mais il se contente d'une raison tributaire de la logique de la Physique, alors qu'il est dans la *nature humaine* de lui opposer celle de l'Éthique. Il ne suffit donc pas de penser un système économique du point de vue de la nature physique et selon la logique qui lui convient pour établir un système économique humain, il faut apporter à la raison la logique capable de rendre compte de l'énergie psychique.

La Physique contemporaine, sous l'impulsion de la physique quantique, a elle-même mis fin à l'idée que la nature respectait de façon parfaite la logique dont se servait jusqu'ici la raison, en montrant qu'elle n'est plus validée que par seulement une partie de la nature. Elle nous oblige à reconnaître une logique plus complexe[41]. À plus forte raison,

---

41. Pour parvenir à la conclusion que le sentiment d'une conscience de conscience totalement absorbée par sa propre réflexion sur elle-même est la résultante contradictoire de la relativisation des contraires : la *médiété*, il faut établir le principe d'équivalence entre les contraires, puis que la résultante de cette relativisation – vide de matière ou d'énergie – est consistante, et enfin que cette consistance est l'affectivité. On peut alors dire que la conscience affective issue d'une relation de réciprocité est une conscience d'elle-même, subjective et objective puisque reconnue simultanément comme celle de soi et celle de l'autre.

il faut donc s'inquiéter de la relation entre la raison et le sentiment – question débattue par les philosophes depuis la plus haute Antiquité – avec de nouveaux instruments d'analyse.

Quoi qu'il en soit si la réciprocité permet de se représenter et dire par une parole commune le sentiment engendré simultanément par tous, donner, échanger, partager requièrent toujours une relation sujet/objet, c'est-à-dire une représentation objective. Il faut donc envisager la relation de réciprocité avec autrui par la médiation de cette relation d'objet. La relation d'objet est d'ailleurs d'autant plus désirée qu'elle préserve une part de soi du risque pris vis-à-vis d'autrui. Grâce à elle, en effet, il n'est plus nécessaire de souffrir ce que l'autre souffre, et d'agir comme l'autre agit. Mais dès lors la fonction symbolique se traduit par un commandement – la Loi – dont le contenu s'impose à tous.

On a pu croire ainsi que la Loi ouvrait une nouvelle voie pour la relation à autrui qui surpasse la relation intersubjective. Mais le sens de la Loi lui-même requiert la réciprocité, et la réciprocité doit également être reproduite au niveau du langage pour que la Parole puisse continuer d'engendrer entre les signifiés des uns et des autres un avenir commun : n'est ce pas l'enjeu de la démocratie ?

III

POURQUOI AVONS-NOUS BESOIN D'UNE AUTRE LOGIQUE ?

Les valeurs éthiques invoquées partout sont d'autant plus vivaces que les structures de réciprocité qui les produisent sont en vigueur. Mais il faut aussi reconnaître que ces valeurs s'imposent *a priori*, créant une sujétion aveugle. Par conséquent, connaître leurs matrices de façon rationnelle permet de franchir le seuil de la sujétion, le seuil de la violence du symbolique et le seuil de l'assujettissement à l'imaginaire, c'est-à-dire de ne plus être contraint d'obéir aveuglement aux commandements de la Tradition. La Raison est notre seul recours mais elle ne peut être limitée par une logique unidimensionnelle quand bien même celle-ci connaît un relatif succès dans le champ de la physique macroscopique.

De l'utilisation des valeurs éthiques

Dans l'ancien temps, nous agissions au nom de valeurs. Et aujourd'hui encore, nombre de candidats à la magistrature politique ou religieuse font référence à des valeurs, y compris en Europe. Mais d'où viennent ces valeurs ? Elles s'imposent d'elles-mêmes, répond la Tradition : Moïse descend de la montagne, Zeus propose un serment à Ulysse, Athéna présente un autre serment au tribunal des humains, etc. Les valeurs ? Elles tombent tout droit du ciel, comme la manne ! Ce sont des commandements... des impératifs divins... transmis de père en fils...

On s'est donc inquiété du caractère absolu du commandement moral. On s'en est inquiété parce que au nom du caractère absolu de ce commandement, les uns tuaient les autres, les chrétiens les musulmans, les musulmans les chrétiens, les catholiques les protestants, les sunnites les chiites et les chiites les sunnites, etc. Ces consciences éthiques qui dictaient leur loi exigeaient même la mort (celle des autres de préférence mais y compris la sienne : le martyre). Je ne fais pas seulement allusion à des incompatibilités d'imaginaires mais à des incompatibilités de références éthiques, les uns privilégiant le courage, les autres la compassion, les uns l'amitié, les autres la justice, les uns la responsabilité, les autres l'obéissance...

LE TRIOMPHE DE LA RAISON UTILITARISTE

Des hommes ont décidé de rompre avec leur sujétion à l'absolu de la conscience morale et de donner la priorité à la Raison. Encore fallait-il étayer la Raison sur des bases solides. Or, la logique qu'ils ont instituée pour se comprendre lorsqu'ils s'adressaient les uns aux autres s'est révélée compétente non seulement pour assurer la communication entre eux mais aussi pour rendre compte des relations des choses entre elles... de certaines choses du moins. Ils disposaient donc d'une logique qui permettait non seulement la compréhension de leurs propositions mais la construction d'un milieu artificiel plus confortable que celui de la nature. Prodiges de cette rationalité : l'électricité, la lumière, l'électronique, l'informatique et autres applications qui permettent de maîtriser les lois de la nature et de construire des ouvrages d'art qui sont des merveilles, et aussi d'inventer des idéologies respectueuses de cette logique.

C'est ainsi que les sociétés occidentales se sont imaginé que le *marché* pouvait se régler selon le rapport objectif des choses entre elles, que ces rapports pouvaient déterminer les relations sociales grâce à la médiation de concepts comme ceux de la *propriété privée* ou du *salaire*. La Raison s'est nourrie de cette logique au point de se confondre aujourd'hui avec le *calcul* et de légitimer une conception utilitariste de l'économie. Dès lors, les impératifs éthiques traditionnels sont apparus comme des entraves à l'objectivité des rapports de forces. Ils ont été considérés préjudiciables à l'efficacité de l'organisation économique industrielle et capitaliste, bref, ils apparaissent dorénavant comme des vestiges d'une époque archaïque.

Que la Raison libère de la sujétion constitue certainement un progrès. Mais comment la morale de chacun se justifie-t-elle ? où trouve-t-elle sa source ? Est-elle innée ? L'individu serait-il seul maître de sa conception de l'humain ? Une conception n'est-elle pas humaine que pour autant qu'elle est vraie pour tous ? Pour les uns, la morale est affaire de choix. Pour les autres, elle obéit à un contrat universel.

La conception privée du Bien au nom de laquelle les hommes peuvent légitimer leurs actions a remplacé la référence divine, mais tout comme celle-ci elle a conduit les peuples les uns contre les autres. Malédiction supplémentaire : l'efficacité des moyens techniques mis en œuvre pour se détruire a été multipliée par la science ! Première Guerre mondiale… Deuxième Guerre mondiale… Guerres de colonisation, Guerres de décolonisation ou sociales….

Longtemps l'espoir fut du côté de ceux qui prônaient l'idée d'une égalité collective comme idéal de la justice. Las ! À partir de la définition du Bien par l'individu et d'une définition du Bien par une société où tous les hommes auraient été rendus égaux entre eux par une identité collective, aucune démarche rationnelle n'est parvenue à fonder une valeur morale de référence pour tous.

Une autre logique dans les sciences humaines ?

Cependant, si l'on s'avère aussi peu imaginatif dans cette recherche d'un monde meilleur, ce n'est peut-être pas faute de précision dans l'analyse mais parce que l'instrument avec lequel on prétend l'appréhender n'est pas adéquat. De même que lorsque la relativité galiléenne a rencontré des obstacles irréductibles et qu'il a fallu la remplacer par la relativité einsteinienne, la question aujourd'hui est de refonder la Raison sur une logique plus puissante que la logique d'identité aristotélicienne.

Le caractère absolu qui caractérise tout sentiment éthique et le condamne à être exclusif – le mystère de la conscience affective – peut-il être reconsidéré si l'on modifie l'"organon" logique de la Raison ? L'idée proposée par Stéphane Lupasco (1947, 1951, 1962) est d'*affaiblir* le principe de contradiction de la logique classique (Si A est, non-A n'est pas). L'*affaiblissement* veut dire que cette proposition peut être altérée par un certain degré d'incertitude, de contradiction, sans pour autant cesser de signifier quelque chose de compréhensible.

On pourrait croire qu'une telle hypothèse entraîne l'impossibilité d'une communication en laquelle chacun puisse se fier résolument. Mais là intervient un événement imprévu : la logique d'identité, qui semblait si merveilleusement confirmée dans le domaine de la physique par l'expérience, est démentie par l'expérience elle-même !

"A est A" est non pas une réalité mais la polarité idéale d'une dynamique, réelle certes, mais qui n'atteint jamais l'absolu ; et le principe de contradiction de la logique classique est donc invalidé en tant que critère de vérité quelle que soit la réalité que la Physique se propose d'étudier dès lors qu'elle prétend à une précision de haut niveau. L'identité ultime s'avère toujours frappée d'un coefficient de contradiction irréductible.

Si l'on remplace une vision statique des choses par une vision dynamique, on comprend aisément qu'il n'y ait pas de terme absolu pour aucune manifestation puisque celui-ci abolirait le dynamisme qui est l'essence de la chose en question. Néanmoins, lorsque la parole intervient, elle modifie tout sentiment pour le représenter sous une forme non-contradictoire. Elle agit comme l'instrument de mesure de la Physique moderne qui interagit avec l'événement contradictoire (quantique) pour le transformer en une dynamique dont la polarité constitue sa non-contradiction. Comme cette mesure ne peut rendre compte de l'événement lui-même mais seulement de sa transformation en une dynamique polarisée unidimensionnellement, Niels Bohr a proposé de pratiquer des mesures antagonistes donnant à chaque fois une interprétation de l'événement irréductible l'une à l'autre, et qui seront dites *complémentaires* entre elles. C'est seulement dans le concept de l'observateur que peut s'effectuer le rapprochement contradictoire entre deux visions chacune non-contradictoire mais contraire l'une de l'autre : ce principe est appelé *principe de complémentarité* par Niels Bohr. Il permet d'avoir un horizon non-contradictoire d'une situation qui en elle-même est *contradictoire*.

Néanmoins, la nature elle-même nous invite à dépasser la logique d'identité et à construire une logique plus générale dont la logique d'identité n'est plus qu'une composante. Puisque l'identité ne représente qu'un pôle dynamique d'actualisation d'un événement, il faut admettre la possibilité non seulement de l'actualisation d'une dynamique inverse mais aussi de moments intermédiaires qui sont tous dotés d'un certain quotient de ce que l'on nomme le *contradictoire*. Serait-il dès lors possible d'appréhender des domaines comme ceux de la valeur éthique, de la conscience affective, de l'absolu, de tout ce qui était rejeté hors de la Physique ? Peut-on fonder les rapports humains sur une autre logique que celle des rapports des choses définies dans le champ de la Physique ordinaire ?

Déjà en 1938, Niels Bohr invitait les sciences humaines, dans son allocution au Congrès d'anthropologie et d'ethnographie de Copenhague[42], à s'inquiéter des "relations humaines" en vertu du principe de complémentarité. Nous ne faisons pas autre chose que de répondre à son invitation avec les moyens logiques dont nous disposons aujourd'hui. La Logique dynamique du contradictoire est en effet une logique tripolaire dont une dynamique est la logique d'identité, la seconde la dynamique antagoniste de la différence, et la troisième une dynamique où ces deux polarités s'annulent en une résultante qui déploie *ce qui est en soi contradictoire*.

Si toute conscience *de quelque chose* est polarisée par ce *quelque chose* d'une façon non-contradictoire, dans la relativisation de cette polarité par la polarité inverse, ce

---

42. Cf. « Le problème de la connaissance en physique et les cultures humaines » (Heisenberg) et « Allocution faite au congrès international d'anthropologie et d'ethnographie », Copenhague, août 1938, dans Niels Bohr, *Physique atomique et connaissance humaine*, Gauthier-Villars, Paris, 1972.

caractère non-contradictoire disparaîtra, mais avec lui tout horizon objectif. Dès lors, l'expérience de la conscience se relativisant elle-même n'est plus que celle d'une *conscience de conscience* qui s'éprouve de façon subjective, une expérience qui ne se connaît elle-même que sous le mode d'une auto-révélation – un mode différent de celui de la connaissance. Le mode de cette révélation de la conscience à elle-même est celui de l'affectivité dont nous pouvons seulement témoigner si nous en sommes nous-mêmes le siège[43]. Désormais, nous disposons d'un appareil logique pour étayer une Raison éthique. Nous pouvons non pas changer la nature de l'absolu qui caractérise toute affectivité, mais agir sur les conditions de sa genèse et, par conséquent, produire les valeurs à loisir pour peu que nous connaissions les matrices de ces valeurs.

Comment maîtriser l'absolu des consciences affectives, l'absolu des singularités humaines et des valeurs éthiques transcendantales ? Pour entrer dans une problématique de l'absolu qui soit objective et rationnelle, il faut encore élaborer le processus expérimental adéquat ; c'est-à-dire l'appareil qui permette que l'absolu soit vécu par le sujet comme son être propre mais de façon telle qu'il puisse l'appréhender également de façon objective ! Est-ce possible ? Oui, par le truchement d'une relation de réciprocité intersubjective. Dans la réciprocité, en effet, on ne peut agir sans subir l'action dont on est l'agent, action qui implique l'intervention d'autrui, et si chacun est alors le siège d'une résultante contradictoire entre la conscience de l'*agir* et celle du *subir*, cette résultante – qui est bien *en soi contradictoire*, sans

---

43. Cf. D. Temple, « *Un nouveau postulat pour la philosophie* » (2011), Collection *réciprocité*, n° 11, 2018.

horizon ni finalité qui ne soit annulée par son contraire et donc se résolvant dans l'absolu de l'épreuve de soi – est aussi et nécessairement la même épreuve pour l'un que pour l'autre puisque résultant de leur interaction. La Conscience qui résulte de la réciprocité ne cesse donc pas d'être caractérisée par l'absolu constitutif de toute expérience affective pour l'un comme pour l'autre, mais elle est à la fois *celle de soi et celle de l'autre* pour chacun des partenaires de la réciprocité, c'est-à-dire subjective et objective. La réciprocité est l'expérience inter-individuelle ou mieux trans-individuelle, où se créent les valeurs humaines comme impératifs éthiques pour chacun et pour tous universels.

QUOI DE NOUVEAU ?

Nous pouvons toujours faire appel aux relations de réciprocité qui constituent notre pain quotidien de façon empirique. Comme le dit Lévinas : *avant de cogiter, bonjour !*[44] Et c'est déjà la réciprocité ! Mais les valeurs qui naissent à chaque instant de notre pratique de tous les jours requièrent autant de noms ou de définitions que de situations où elles apparaissent : une pensée animiste dirait que "les esprits sont partout".

Si l'on donnait la préséance à des formes de réciprocité collective centralisée (la redistribution), s'instaurerait l'*unité*

---

44. Cf. Emmanuel Lévinas, *Altérité et transcendance*, Fata Morgana, Coll. Essais, Montpellier, 1995.

d'une manière tout aussi empirique, il est vrai, mais à laquelle on pourrait donner un nom : *Zeus, Deus, YHWE, Tata Inti, Allah, Nguenechen, Imana, Ñanderu-vusu...* Quelle que soit la puissance de cette conscience éthique, quelle que soit la puissance des valeurs telles que la foi, la charité, l'espérance, l'amitié, le courage ou la compassion, rien cependant ne permettait jusqu'ici de les subordonner à la Raison.

Il est alors réjouissant de maîtriser les structures de production de ces valeurs redoutables ! Il se passe aujourd'hui un peu la même chose que lorsque les chimistes se sont rendu compte que dans le monde tous les corps, la pierre, l'air, le feu, l'eau, la glace, le soleil, les étoiles, les galaxies, mais aussi la chair, les nerfs... étaient réductibles à l'organisation méthodique de quelques éléments simples, nommés pour l'occasion des indivisibles : les atomes. La classification de Mendeleïev a permis de contrôler la composition de toutes les matières de l'univers à partir d'un alphabet d'atomes. De la même façon, nous pouvons également produire toutes nos valeurs à partir de la combinaison d'un alphabet de quelques matrices originelles, les *structures de réciprocité fondamentales*, les *formes* et *niveaux* de réciprocité[45].

---

45. La Théorie de la réciprocité décrit : 1° Les *structures élémentaires* de la réciprocité comme matrices de valeurs éthiques distinctes ; 2° Les *formes* de la réciprocité comme matrices d'imaginaires spécifiques (le *prestige* pour la réciprocité positive, l'*honneur* pour la réciprocité négative, la *grâce* pour la réciprocité symétrique) ; 3° Les *trois niveaux d'actualisation* de la réciprocité : *réel, imaginaire* et *symbolique*, associés au sein de la fonction symbolique. Elle convoque par ailleurs trois postulats : 1° Le *principe d'antagonisme* de la Logique dynamique du contradictoire, qui permet d'interpréter la *conscience de soi* comme la résultante de l'interaction des consciences élémentaires conjointes aux énergies physique et biologique de la nature ; 2° Le *principe du*

L'avantage que l'on est en droit d'attendre de cette compétence est de pouvoir transformer le champ politique et le champ religieux (où règne la violence) en un champ de sciences humaines fondées sur des bases théoriques rationnelles. Il est possible de construire la philosophie politique sur l'étude des matrices des valeurs humaines, plus précisément : sur l'étude des structures qui satisfont au principe de réciprocité.

---

contradictoire, qui affirme que "ce qui est en soi contradictoire" se révèle par l'*affectivité* ; 3° Le *principe de réciprocité,* à l'origine de la genèse d'une conscience commune aux partenaires de la réciprocité.

IV

L'ENTREPRISE DE RÉCIPROCITÉ

L'entreprise individuelle responsable et *l'entreprise communautaire* intègrent toutes deux le principe de réciprocité, et par conséquent des références éthiques dans leurs enjeux et finalités économiques.

En maints endroits, les nouvelles contraintes de l'écologie et de la démographie viennent apporter un appui important aux entreprises de réciprocité, susceptible de renverser un rapport de force jusqu'ici favorable à l'entreprise capitaliste.

L'ÉCONOMIE DE RÉCIPROCITÉ DANS LES SOCIÉTÉS TRADITIONNELLES

Dans la plupart des communautés traditionnelles, le meilleur producteur redistribue plus que les autres et se voit reconnaître une autorité supérieure que souligne le contre-don de ses invités. La somme de ces contre-dons peut dépasser son propre don. Si le contre-don est supérieur au don, il oblige le premier donateur à la surenchère – dans la mesure bien entendu où celui-ci veut garder son rang. Le désir d'être toujours plus prestigieux oblige à distribuer toujours plus qu'il n'est reçu, c'est la *dialectique du don* qui accroît sans cesse la production et engendre l'abondance pour tous.

La valeur, dans un système de réciprocité traditionnel, se traduit en *prestige,* et puisque le prestige est proportionnel à la générosité du don, les donateurs les plus prestigieux seraient les plus démunis matériellement si le cycle de réciprocité ne se reproduisait sans cesse, les donataires investissant pour redonner davantage et devenir à leur tour plus prestigieux : *la distribution meut la production.* Toute interruption du cycle par l'accumulation privée détruit le système et porte atteinte à la communauté tout entière. Celui qui accumule au détriment de la circulation des dons réciproques est souvent considéré non seulement comme un voleur mais comme un criminel.

Dans les communautés agricoles d'Amérique ou d'Afrique par exemple, comme dans beaucoup d'autres, les plus grands donateurs sont invités à présider aux travaux de toute la communauté : ils décident du moment des semailles ou des plantations, etc. L'abondance engendrée par la surproduction conduit à d'autres productions d'intérêt communautaire comme l'enseignement ou la justice. Les responsables de ces services sont dits "meilleurs" parce que leurs services sont estimés de qualité "supérieure". La chose apparaît clairement lorsque le "supérieur" est un magistrat.

La justice assure en effet des conditions plus propices à la production de tous. Aussi jouit-elle presque toujours d'un prestige élevé qui mobilise une forte dépense. Il peut même arriver que tel ou tel responsable de la communauté, le maître d'école ou le juge, soit déchargé des travaux agricoles nécessaires à sa propre subsistance. Les membres de la communauté y suppléent : les dons en valeurs d'usage des paysans sont alors plus importants que les dons en valeurs d'usage des "magistrats" qui, eux, donnent d'autres biens non matériels, ce pourquoi dans la Grèce antique dont l'économie était régie par ce principe Aristote explique que les citoyens doivent aimer les "magistrats" davantage parce que cette inégalité rétablit l'égalité des citoyens.

> « Mais, dans toutes les amitiés où intervient un élément de supériorité, c'est selon la loi de proportion qu'il faut aimer ; par exemple, il faut que le meilleur soit aimé plus qu'il n'aime ; qu'il en aille de même pour celui qui rend le plus de services et dans tous les cas semblables. Car, lorsqu'on aime d'une manière proportionnée au mérite, il s'établit une sorte d'égalité, caractère propre, semble-t-il, de l'amitié[46]. »

---

46. Aristote, *Éthique à Nicomaque*, Livre VIII, ch. 7 [1158 b 23].

LES LIMITES DE L'ÉCONOMIE DE RÉCIPROCITÉ

TRADITIONNELLE

Les biens redistribués dans une relation de réciprocité sont des biens matériels mais aussi les symboles de la valeur éthique produite par la réciprocité : amitié, justice, responsabilité... Le respect de ces valeurs éthiques conditionne ensuite l'usage des biens matériels et parfois empêche leur utilisation dans certaines conditions, cette utilisation fût-elle rationnelle.

Or, l'efficience de l'économie libérale tient pour l'essentiel à ce que la technique soit respectée en fonction d'une rationalité utilitaire et non symbolique, et à ce qu'elle promeuve en priorité l'intérêt privé. L'efficacité de la technique ne dépend pas du rapport des hommes entre eux mais du rapport des choses entre elles, de leur complémentarité ou de leur contradiction, et elle obéit à des lois dites objectives. Avec ce rapport direct des choses entre elles se développe la rationalité instrumentale, la raison économique.

Le forgeron est la figure emblématique à l'origine de cet utilitarisme, symbole de l'artisanat. Alors que l'agriculteur ou l'éleveur utilise des techniques de production empruntées à celles de la nature et les ordonne au principe de réciprocité (la production des vivres pour la communauté), le forgeron est Prométhée qui vole à Dieu la science du feu et fabrique lui-même des objets d'art (de fer, de bronze) qui favorisent ou multiplient l'efficacité du travail des maîtres de la terre ou de la guerre. La valeur du travail de l'artisan dépend donc de son utilité (la productivité de la hache, de la houe...) et semble ne pas être intrinsèquement liée à une relation de réciprocité. L'artisan n'est pas compté parmi les fondateurs de la société parce qu'il est d'abord à leur service. Son statut est en effet ordonné à celui des maîtres de la terre, du magistrat ou du chef de guerre ; mais est-il considéré socialement comme inférieur ou supérieur ? Inférieur selon la Tradition, supérieur selon la Révolution ! L'artisan crée l'événement : et celui-ci est la supériorité de la raison sur la nature. C'est pourquoi on dit souvent que le forgeron (l'artisan) est l'inventeur de la civilisation.

C'est que grâce à la technique, les hommes vont se libérer des contraintes de la nature, bien que dans de nombreuses régions du monde comme en Afrique par exemple, l'artisan soit encore "casté" – c'est-à-dire que l'entreprise artisanale n'est pas libre de se déployer pour elle-même. Que ce soit en Asie, en Afrique ou en Amérique indienne, on se heurte encore au primat du seigneur de la terre. Le philosophe africain Alassane Ndaw, estime que, pour ses contemporains, au Sénégal :

> « L'homme noble, c'est l'homme libre, c'est-à-dire l'homme qui se suffit à lui-même (relativement) pour se nourrir ; c'est l'agriculteur. Tandis que ceux qui travaillent le fer, le cuir, le bois, ainsi que le griot, reçoivent leur nourriture du cultivateur, celui-ci ne passe par aucun intermédiaire entre la terre qu'il cultive et lui[47]. »

---

47. Alassane Ndaw, *La pensée africaine. Recherches sur les fondements de la pensée négro-africaine*, Les nouvelles éditions du Sénégal, 1997, p. 102.

La libération de l'entreprise

La civilisation occidentale a permis la libération de l'artisan, elle a inventé la libre-entreprise, le libre-échange et la concurrence maîtrisée par des règles choisies par la raison – le *doux commerce* – dans le but d'améliorer les conditions d'existence de la société. Dès le Haut moyen-âge, en Europe, l'artisan a forgé l'outil de cette évolution : la technologie. La production humaine, artisanale puis industrielle, mesurée à son utilité par l'échange puis le profit, s'est substituée à la production de la réciprocité mesurée par le bénéfice (on appelait alors "bénéfice" la valeur morale acquise par le service rendu à autrui, c'est-à-dire la valeur éthique produite par le bienfait). Au XVIIIe siècle, la raison éthique a cédé la priorité à une raison objective, calculatrice : la raison utilitariste. Enfin, la *liberté*, définie aux origines de toute société comme un affranchissement des déterminismes de la nature moyennant la sujétion à la Loi est devenue une liberté vis-à-vis de la Loi elle-même : le *libre-arbitre*. L'histoire occidentale inverse donc les rôles tels qu'ils sont distribués dans les autres régions du monde : *celui qui ne crée pas les conditions de sa production* (l'ancien noble) devient *esclave* ; *l'homme libre* est désormais celui qui *invente* son monde par *l'artifice* (l'ancien esclave).

Pour la théorie occidentale, l'ambition de *l'homo faber* est de produire des valeurs d'usage au moindre coût avec pour condition de sa réussite la *liberté d'entreprendre*. Les théoriciens de l'échange interprètent l'*abandon des obligations éthiques* de la réciprocité comme une libération de contraintes préjudiciables à la plus grande prospérité matérielle engendrée par la rationalité utilitariste, et soutiennent également qu'il n'est pas l'abandon de toute l'éthique. Pour eux, échapper à la contrainte de l'*imaginaire collectif* dans lequel se représentent les valeurs éthiques développe l'*initiative individuelle* ; y compris la liberté de respecter les valeurs éthiques de leur choix.

Le libéralisme s'enorgueillit d'avoir débarrassé l'humanité des aliénations de l'imaginaire de la réciprocité : l'esclavage antique, le servage, le despotisme, le racisme, le totalitarisme... et même des aliénations de l'échange : la traite et l'esclavage mercantile. Sans doute peut-il aussi être crédité d'avoir engendré non seulement un progrès matériel indéniable mais les vertus de l'individu (l'audace, l'originalité, le goût du jeu, du risque, etc.). La seule valeur éthique qu'il retient comme condition préalable à son développement est le *respect d'autrui*, lui-même exprimé de façon minimale pour ne pas dire négative : *ne pas porter à autrui le préjudice que l'on ne voudrait pas subir*. Adam Smith, par exemple :

> « La justice pure n'est presque jamais qu'une vertu négative et qui ne consiste qu'à ne pas nuire à autrui[48]. »

En réduisant la relation à autrui à la plus élémentaire relation de réciprocité sans laquelle il n'est pas de vie politique possible – la réciprocité du contrat social –, la théorie libérale peut obtenir le consensus le plus large

---

48. Adam Smith, *Théorie des sentiments moraux* [1759], F. Buisson Imprim.-Lib., Paris, 1798 ; Partie II, Section II, Chapitre I, p. 174.

possible des individus, un consensus qui peut se prévaloir d'une assise universelle. Selon les théoriciens de l'économie capitaliste, il résulte de la liberté d'entreprendre que les prix de revient dans un système de production pour l'échange deviennent inférieurs au prix de revient dans un système de réciprocité, où pourtant aucune plus-value n'est soustraite au travail. Le système capitaliste peut se prévaloir, soutiennent-ils, du fait que les inégalités qui le caractérisent sont plus avantageuses aux plus démunis en progrès matériel que l'égalité promue par les systèmes de redistribution ou de partage. Ce paradoxe est la cause d'un grand désarroi pour les partisans de l'économie de réciprocité car il leur enlève un atout important : le fait que, par principe, la réciprocité bénéficie *en priorité* aux plus démunis.

Les avantages de l'entreprise privée

Les entreprises privées du système économique occidental disposent donc d'une marge de manœuvre considérable :

– elles peuvent s'offrir des prises de risques que les entreprises de réciprocité ne peuvent pas se permettre ;

– elles peuvent bénéficier de valeurs nouvelles, ou qui étaient "paralysées" dans la communauté.

Mais il n'y a pratiquement pas d'entreprise privée qui ne soit immédiatement conduite à devenir une entreprise capitaliste par l'investissement dans l'exploitation de l'homme. La théorie libérale répond que le système capitaliste promeut une différenciation telle de la production qu'il permet à de nombreuses capacités humaines jusqu'alors inemployées ou improductives de se développer. On retrouve ici le paradoxe rencontré au niveau des prix des biens matériels : *l'exploitation de l'homme par l'homme libère davantage de capacités humaines que la non-exploitation !* Marx annonçait même que l'efficacité des machines issues de l'accumulation du capital délivrerait l'humanité du travail pénible et donc de l'exploitation de l'homme, et que la dictature du prolétariat (si elle avait lieu) s'anéantirait d'elle-même : la "propriété communiste", "généralisation ignominieuse de la propriété privée", s'abolirait dans le "travail pour autrui".

> « Dans une phase supérieure de la société communiste, quand auront disparu l'asservissante subordination des individus à la division du travail et, avec elle, l'opposition entre le travail intellectuel et le travail manuel ; quand le travail ne sera pas seulement un moyen de vivre, mais deviendra lui-même le premier besoin vital ; quand, avec le développement multiple des individus, les forces productives se seront accrues elles aussi et que toutes les sources de la richesse collective jailliront avec abondance, alors seulement l'horizon borné du droit bourgeois pourra être définitivement dépassé et la société pourra écrire sur ses drapeaux "De chacun selon ses capacités, à chacun selon ses besoins !"[49]. »

Cette prédiction se réalise sans la phase de transition de la dictature de la "propriété communiste" (sauf en Chine où

---

49. Karl Marx, *Critique du programme de Gotha* [1875], *Œuvres* I, *op. cit.*

la dictature du Parti communiste assure la transition). Les jeunes générations ne veulent pas connaître la phase de transition de la propriété collective mais seulement l'économie d'entreprise et même une seule forme d'entreprise : l'entreprise capitaliste. Celle-ci est d'ailleurs en passe d'éliminer toutes les autres formes d'entreprises. Mais la conjonction entre *liberté de conscience* et *responsabilité pour autrui* reste une question sans réponse, et pourtant de plus en plus cruciale.

LES LIMITES DE L'ENTREPRISE CAPITALISTE ET DU LIBRE-ÉCHANGE

Comment pourrait-on concilier la liberté individuelle et la responsabilité des uns pour les autres ? Jusqu'à présent, aucune thèse libérale n'a réussi à démontrer que l'intérêt privé pouvait conduire à la responsabilité vis-à-vis d'autrui. L'intérêt privé peut aussi bien conduire à la solidarité des intérêts collectifs (fascisme) qu'au sacrifice des plus faibles au bénéfice du plus grand nombre (utilitarisme). La conjonction de la liberté et de la responsabilité pour autrui reste un pari. Que le souci d'engendrer une société humaine passe par le seul intérêt de l'individu, qui aujourd'hui s'aventurerait à prétendre que ce soit là une compétence naturelle et innée chez l'homme ? On imagine parfois qu'il s'agit d'un acquis historique de la civilisation occidentale. Cette vision de la civilisation occidentale ne résiste pas au simple constat : La traite et l'esclavage, le nationalisme, l'impérialisme, le fascisme, le national-socialisme et la "solution finale", le colonialisme, le communisme voire le totalitarisme, les deux premières Guerres mondiales… sont des inventions qui ont plus que partie liée avec l'économie de libre-échange. Il n'est pas inutile de penser aujourd'hui que le capitalisme prépare une troisième Guerre mondiale.

Une autre façon de montrer les limites du libre-échange et de l'entreprise capitaliste est de mesurer leurs conséquences sur la nature. La technique moderne est en effet d'une telle efficacité qu'elle permet d'atteindre immédiatement dans tous les domaines où elle s'exerce les limites de la terre sans pour autant pouvoir remplacer les ressources de celle-ci. Or, il est évidemment irrationnel d'exploiter sans fin des ressources non renouvelables. Dès lors, comme il est inacceptable que l'humanité soit confrontée à une situation qui pourrait lui être fatale si des biens indispensables étaient compromis, il faut concevoir des limites à la destruction de la vie sur la planète. Selon cet argument, il faut renoncer à ce que le profit soit le seul critère de référence de toute l'économie. Le libéralisme doit faire face alors à plusieurs critiques :

1) La lutte pour le pouvoir conduit à des déflagrations mondiales ; c'est l'argument *pacifiste*.

2) Le profit sans limites est incompatible avec les limites de la planète ; c'est l'argument *écologique*.

3) La réduction de la réciprocité à l'échange supprime les matrices des valeurs humaines, en particulier celle de la responsabilité pour autrui, valeur qui devient aujourd'hui indispensable si l'on veut assurer un avenir à l'humanité ; c'est l'argument *éthique*.

D'où le constat suivant : l'entreprise privée de type libéral ou néo-libéral n'est plus fiable. Qu'en est-il donc de l'entreprise de réciprocité ?

L'ENTREPRISE DE RÉCIPROCITÉ

Si le principe de réciprocité qui fonde la communauté est universel, les *structures de réciprocité* dans lesquelles il se traduit sont diverses et certaines compatibles entre elles d'autres non de sorte qu'il existe différents *systèmes* de réciprocité : ainsi la notion de *communauté* doit se décliner au pluriel. Il en sera donc de même de la notion "d'entreprise de réciprocité"[50].

Dans les communautés où la réciprocité est collective, il n'est pas possible de laisser à chacun la fantaisie de prendre le risque d'une innovation dont toutes les contraintes ne seraient pas maîtrisées. En fait, la prise de risque est considérée comme incompatible avec la responsabilité. Le code foncier soumet même le travail individuel aux respects d'une complémentarité prédéterminée des activités productrices. On pourrait construire l'adage suivant : dans les communautés traditionnelles de réciprocité collective, *la prudence entrave l'initiative.*

---

50. Nous envisageons ici l'entreprise de réciprocité telle qu'elle apparaît dépouillée de tout imaginaire qui l'inféode au pouvoir de domination des uns sur les autres.

Cependant, l'entreprise individuelle se déploie avec d'autres formes de réciprocité, notamment avec la *réciprocité de marché*[51].

Dans sa *Théorie des sentiments moraux*, Adam Smith déclarait :

> « Tout homme est sans doute d'abord recommandé par la nature à ses propres soins ; et comme il est plus capable que tout autre de pourvoir à sa conservation, il est juste qu'elle lui soit confiée[52]. »

Tout individu peut donc faire valoir l'intérêt de son entreprise. Mais tout homme qui prend l'initiative d'une entreprise dans une société de réciprocité est *responsable pour autrui* et pas seulement vis-à-vis de lui-même. La redistribution des bénéfices de l'entreprise aux plus démunis reste la condition du *prestige* de l'entrepreneur. Il rencontre donc là une *limite* au risque, au jeu, à l'aventure, qui lui est imposée par la *responsabilité*.

Par *entreprise responsable* il faut donc entendre une entreprise individuelle qui se situe dans le cadre du *marché de réciprocité* où chacun rend compte de sa production vis-à-vis d'autrui : ce type d'entreprise est la plus fréquente dans le cadre de la famille étendue ou de la communauté villageoise. Les industries textiles de l'Afrique de l'Ouest ou la gestion des terres dans les communautés d'Afrique, d'Océanie, d'Asie et d'Amazonie, relèvent souvent de ce modèle.

Il existe de nombreuses formes d'entreprises de réciprocité communautaires intermédiaires entres ces deux formes collective et individuelle, par exemple, de

---

51. Cf. D. Temple, *L'économie Politique II - Apologie du marché*, Collection *réciprocité*, n° 14, 2018.
52. Smith, *op. cit.*, section II, chap. II, p. 149.

construction des réseaux d'irrigation, de production des céréales et agrumes ou de gestion des troupeaux. Mais dans l'ensemble, il faut entendre par *entreprise communautaire*, l'entreprise dans un État décentralisé.

Nous avons mesuré les avantages de *l'entreprise libérale*. Quels sont les avantages de *l'entreprise de réciprocité* ?

Ils sont :

– de respecter toutes les composantes qui concourent au développement de l'humanité (y compris la nature).

– d'engendrer les valeurs humaines, en particulier la responsabilité pour autrui, la confiance et la solidarité.

– de supprimer *a priori* la pauvreté et de récuser toute exploitation et humiliation d'êtres humains.

Redisons que dans une économie de réciprocité la redistribution bénéficie en priorité aux plus défavorisés de la société, qu'ils soient ou non partie prenante de l'entreprise, car la production va d'abord à celui qui en a besoin ; alors que dans une économie capitaliste, elle s'adresse d'abord aux actionnaires et proportionnellement à leur investissement.

Si les biens redistribués dans une relation de réciprocité deviennent les symboles de la valeur éthique produite par la réciprocité elle-même : *amitié, justice, responsabilité…* il est impossible de séparer le travail du travailleur ; et toute exploitation de l'homme fondée sur l'aliénation est supprimée. Mais ces valeurs conditionnent aussitôt l'usage de ces biens. Dit autrement, elles créent non pas un lien d'ordre mécanique mais la reconnaissance sociale de la dignité du producteur et du consommateur.

Il va de soi que là où n'existe pas une *interface* politique entre les deux systèmes et où les règles du jeu sont imposées par l'économie capitaliste, les entreprises de réciprocité sont défavorisées parce que le Droit est alors ordonné à la logique d'un système qui s'impose à l'autre. Mais cette violence trouve aujourd'hui ses limites, et l'entreprise capitaliste devra être relayée par de nouvelles entreprises – ce qui exige la reconnaissance d'autres économies que la seule économie capitaliste et la définition de territorialités propres à ces économies. Les interfaces entre ces territorialités et celles où le libre-échange peut se donner libre cours devraient être l'enjeu des arbitrages de l'État, du moins dans les sociétés démocratiques.

Enfin, si la valeur éthique a été considérée comme un obstacle à la rationalité de l'échange, il se pourrait qu'elle devienne désormais un ressort de la productivité dans toute entreprise y compris dans le système de l'échange dès lors qu'elle mobilisera tout autant les compétences intellectuelles et morales de l'homme que sa force de travail. Dans ce cas, la matrice de la valeur éthique (la réciprocité) deviendrait le ressort de la production humaine, et toutes les structures de réciprocité seraient remises à l'honneur non plus au prix de la sujétion aux commandements d'une loi transcendantale mais au contraire au prix d'un libre choix déterminé par la Raison.

BIBLIOGRAPHIE

ARISTOTE, *Éthique à Nicomaque*, traduction et commentaire par R. A. Gauthier & J. Y. Jolif, Publications Universitaires de Louvain, 3 vol., 1958.

BOHR Niels, *Physique atomique et connaissance humaine*, Gauthier-Villars, Paris, 1972.

BOLTANSKI Luc, *L'Amour et la Justice comme compétences*, Editions Métailié, Paris, 1990.

CAILLÉ Alain, *Critique de la raison utilitaire. Manifeste du M.A.U.S.S.*, La Découverte, Paris, 1989.

HOMÈRE, *L'Odyssée*, traduction de Victor Bérard, éd. Les Belles Lettres, Paris, 1932.

JORION Paul, « Pour une autre économie », *La Revue du M.A.U.S.S. semestrielle*, n° 3, La Découverte, Paris, 1994.

LÉVINAS Emmanuel, *Altérité et transcendance*, Fata Morgana, Coll. Essais, Montpellier, 1995.

LÉVI-STRAUSS Claude, « Introduction à l'œuvre de Marcel Mauss », dans Marcel Mauss, *Sociologie et Anthropologie*, P.U.F, Paris, (1950), 1991.

LUPASCO Stéphane, *Du devenir logique et de l'affectivité*, vol. I *Le dualisme antagoniste*, vol. II *Essai d'une nouvelle théorie de la connaissance*, J. Vrin, Paris, (1935), 1973.

LUPASCO Stéphane, *Le principe d'antagonisme et la logique de l'énergie. Prolégomènes à une science de la contradiction*, Paris, Hermann, Coll « Actualités scientifiques et industrielles », n° 1133, Paris, 1951 ; 2ᵉ éd. Le Rocher, Monaco, 1987.

MARX Karl, *Œuvres*, Bibliothèque de La Pléiade, Gallimard, Paris, vol. I 1965, vol. II 1968.

MAUSS Marcel, *Essai sur le don* [1923-1924], rééd. *Sociologie et Anthropologie*, P.U.F, Paris, (1950), 1991.

NDAW Alassane, *La pensée africaine. Recherches sur les fondements de la pensée négro-africaine*, (préface de Léopold Sédar Senghor). Les nouvelles éditions africaines du Sénégal, 1997.

PLATON, *Œuvres complètes*, traduction nouvelle et notes par Léon Robin & M.-J. Moreau, Bibliothèque de la Pléiade, Paris, 1940-1942.

POLANYI Karl, C. M. Arensberg & H. W. Pearson, *Trade and Market in the Early Empires* [1957], trad. franç. *Les Systèmes Economiques dans l'Histoire et dans la Théorie*, Larousse, Paris, 1975.

RAWLS John, *A Theory of Justice* [1971], trad. franç. *Théorie de la Justice*, Le Seuil, Paris, 1987.

RICŒUR Paul, *Soi-même comme un autre*, Seuil, Paris, 1990.

SMITH Adam, *Théorie des sentiments moraux* [1759], F. Buisson Imprim.-Lib., Paris, 1798.

TEMPLE Dominique & Mireille CHABAL, *La réciprocité et la naissance des valeurs humaines*, L'Harmattan, Paris, 1995.

TEMPLE Dominique, *La dialectique du don. Essai sur l'économie des communautés indigènes*, Diffusion Inti, Paris, 1983.

TEMPLE Dominique, *Le Quiproquo Historique*, Collection *réciprocité*, n° 12, 2018. 1ère publication dans *Golias*, Bruxelles, 1992.

TEMPLE Dominique, *La réciprocité de vengeance. Critique de quelques théories sur la vengeance*, Collection *réciprocité*, n° 7, 2017.

TEMPLE Dominique, « Keynes - le Bancor », en ligne sur le site de l'auteur, dans *Journal* - février 2011.

TEMPLE Dominique, *"Un nouveau postulat pour la philosophie",* (2011), Collection *réciprocité,* n° 11, 2018.

TEMPLE Dominique, *L'économie Politique II - Apologie du marché,* Collection *réciprocité,* n° 14, 2018.

Les articles de Dominique Temple sont disponibles en français et en castillan sur le site : http://dominique.temple.free.fr

Imprimé à la demande par Lulu.com
Dépôt légal septembre 2018
Illustration de couverture : Botticelli, *Le Printemps* (détail)
Musée de Offices - Florence

www.ingramcontent.com/pod-product-compliance
Lightning Source LLC
Chambersburg PA
CBHW071329040426
42444CB00009B/2117